전국 김밥 일주 2

죽기 전에 꼭 먹어봐야 할
김밥 맛집 100

정다현(김밥큐레이터) 지음

"전국 김밥 덕후들의
김밥바이블!"

가디언

"김밥 하나에 인생을 걸기로 했습니다"

어린 시절, 집안 사정이 좋지 않았던 탓에 비싼 외식은 꿈꿀 수도 없었던 저는 집 앞 골목에 있는 김밥가게에서 '김밥' 하나만큼은 자유롭게 먹을 수 있었습니다. 그때 당시의 김밥은 지금처럼 다양한 재료를 넣은 김밥도 아니었고, 햄과 오이, 어묵, 달걀, 단무지가 들어가는 단순한 김밥이었어요. 그래도 할머니가 즉석에서 말아주시는 따끈한 김밥은 늘 혼자 밥을 챙겨 먹어야 했던 저에게 든든한 한 끼가 되어주었습니다. 그때의 추억으로, 전국김밥일주를 본격적으로 하기 전에도 편의점 김밥, 프랜차이즈 김밥 등으로 주에 서너 번은 김밥을 사 먹었던 것 같아요.

그렇게 여러 해가 흘러 제가 직장을 다니고 있던 때였습니다. 갑자기 팀장님이 저를 부르시더라고요.

"다현아, 혹시 이야기 들었니?"

"아니요?"

"이번에 회사가 어려워지면서, 네가 인사발령 대상자가 되었어."

코로나로 회사가 어려워졌다는 건 알고 있었지만, 갑자기 인사발령이라니. 그때 당시 외식사업부 신사업 팀에서 마케팅 관련 일을 하고 있었는데, 현장 스태프로 발령이 났더라고요. 물론 그 일도 중요하고 누군가는 갔어야 하는 곳이지만, 갑작스러운 회사의 조치를 들으니 너무 놀랐습니다. 그때는, 제가 필요가 없어지면 꼈다 뺐다 하는 부품 같은 존재밖에 되지 않는다는 생각이 들었던 것 같아요. 5년 뒤에도, 10년 뒤에도 이렇게 회사의 뜻대로 묵묵히 일만 하며 제 남은 평생을 보내야 한다는 생각을 하니 너무 막막하더라고요. 이왕 이렇게 된 거, 내가 늘 꿈꿔왔던 좋아하는 일을 해보자며 그길로 사표를 냈습니다.

그런데 막상 사회 밖을 나오니 회사보다 더 혹독한 곳이란 걸 깨달았어요. 회사를 떠난 저는 아무것도 아닌 사람이더라고요. 좋아하는 일을 해보자며 나왔지만, 제가 좋아하는 게 무엇인지에 대해 한 번도 진지하게 생각하지 못했던 저였습니다. 이런 혼란스러운 상황에 제 친구들은 취업하려고 난린데 난 지금 뭐 하는 거지? 하는 불안한 생각도 들더라고요. 지금 생각해보면 그 선택으로 지금의 제가 있을 수 있었지만, 그때 당시에는 너무 힘들었어요. '난 앞으로 무얼 먹고 살지?'라는 숱한 고민으로 한 3개월간 방황했던 것 같습니다. 그러다 이대로 평생을 살 수는 없다고 생각해 백지에 제가 좋아하는 걸 빼곡히 적어 내려갔어요. 결국 그 모든 걸 관통하는 것이 음식이더라고요. 대학교 졸업 후 산에 가서 커피를 팔았을 때도, 전국을 다니며 육포를 팔았을 때도, 아무 연고도 없는 전주에 내려가 수제버거집을 창업했을 때도, F&B 대기업 마케터로 근무했을 때도 제가 지금까지 해온 경험들에는 모두 음식이라는 공통점이 있었습니다.

제가 처음부터 김밥에 집중한 것은 아니에요. 마케터로 근무했을 때 얻은

SNS 능력을 살려 처음에는 모든 먹거리를 대상으로 먹스타그램을 운영했습니다. 제가 먹스타그램을 운영했을 당시 먹음직스러운 사진이 대세였어요. 여기에 국어국문학과에서 4년간 배운 글솜씨를 더했습니다. 음식의 맛뿐만 아니라 재료, 가게의 분위기 등을 상세히 쓴 음식수필집 푸글(@foogeul)이라는 계정은 그렇게 탄생했습니다. 푸글은 빠르게 성장했어요, 1년 만에 팔로워 10만 명을 모았습니다. 하지만 늘어나는 팔로워 수와 비례해 제 근심은 깊어졌습니다. 맛집을 리뷰하는 유사계정들이 우후죽순 등장해 차별화가 어렵기도 했거니와 구독자들의 인기를 얻기 위해 유행하는 음식, 사람들한테 반응이 좋을 것 같은 비주얼이 있는 음식에 집중하다보니 음식을 리뷰하는 즐거움이 사라진 거예요. 좋아하는 것을 하려고 시작한 일인데 남의 시선을 신경 쓰고 있는 스스로에게 회의감이 들었습니다, 결국 다시 원점으로 돌아가 결국 내가 좋아하는 것에 집중했습니다. 그 많은 음식 중에서도 일주일에 서너 번은 꼭 먹는 것, 바로 김밥이더라고요. 그리고 김밥이라면, 제가 열정을 가지고 행복하게 뭐든 할 수 있겠다는 생각이 들었습니다.

사실 김밥은 대한민국에 살고 계신 분이라면 모르는 사람이 없을 거예요. 어린 시절 짭조름한 조미김에 쌀밥을 싸 먹었던 기억, 소풍 때마다 엄마가 자녀의 취향대로 재료를 넣어 고소하게 말아 싸주던 기억, 학교나 회사에서 간편하게 한 끼 때우기 위해 김밥 한 줄 사 먹던 기억 들은 우리 모두의 추억일 거라 생각합니다.

이렇게 대표적인 간편식이자 일상식으로 자리 잡은 김밥은 우리 삶의 일부분이 되었지만 한편으론, 어디서나 쉽게 접할 수 있는 음식이기에 저렴하게 혹은 간편하게 때우는 용으로 취급된 적이 많습니다. 사실 저조차도 이런 김밥에 모든 걸 걸고 살아가리라고는 상상조차 해본 적이 없거든요. 그런데 이렇게 흔하디흔한 김밥에 제 인생을 걸어보기로 결심한 이유는 하나예요. 내가 앞으로 평생 이뤄갈 꿈인데, 이왕이면 내가 가장 좋아하는 걸 해보자고 생각했습니다. 몇 년 전 MBC 〈아무튼출근〉이란 방송에서 이슬아 작가가 나와 이런 말을 했습니다. 좋아하는 일도 업으로 삼으면 번뇌가 온다고요. 하지만 좋아하는 일이기에 다른 일보다는 덜 괴롭게, 즐겁게 할 수 있는 것 같다고요. 평생 해도 덜 괴로울, 평생을 즐겁게 먹을 수 있는 김밥에 저는 그렇게 인생을 걸게 되었습니다.

김밥에 인생을 걸어보기로 생각한 이상, 김밥에 대한 모든 걸 알아야 했습니다. 그 첫 시작이 전국에 있는 김밥집에 대한 정보를 모아 '전국김밥일주를 떠나자'였어요. 그때의 무모한(?) 다짐이 없었다면 이 책은 세상에 나오지 않았겠죠. 아무튼, 저는 배낭 하나 짊어지고 그렇게 전국에 있는 다양한 김밥을 찾아 떠나게 되었습니다.

전국의 다양한 김밥집을 찾아다니면서 느낀 점은 김밥은 그렇게 하찮은 존재가 아니라는 것입니다. 생각보다 특이하고 다양한 김밥들이 있다는 것에 놀랐어요. 속 재료에 따라, 어떻게 양념을 했는지, 밥의 간은 어떻게 맞췄는지,

심지어는 누가 김밥을 말았는지에 따라 맛이 천차만별로 변하는 김밥의 매력을 알게 될수록 저는 김밥이라는 음식에 더욱 빠지게 되었습니다.

그렇게 총 600곳 이상의 김밥집을 다녔습니다. 그리고 세 가지의 기준으로 (맛있거나, 특이하거나, 오래되었거나) 김밥집을 선별했습니다. 전국에 있는 수많은 김밥집을 돌아다니며, 김밥에 자신들의 인생을 바치신 수많은 김밥집 사장님들을 만나며, 더 이상 김밥은 한 끼를 때우는 음식이 아니었습니다. 이 책을 통해 김밥집 사장님들이 동그랗게 말아놓은 정성을, 이렇게 다양한 김밥의 형태가 있다는 놀라움과 즐거움을 함께 얻어가셨으면 좋겠습니다.

덧붙여 이 책은 전국에 있는 김밥 맛집을 소개하는 책이지만, 좋아하는 김밥에 인생을 건 사람의 한편의 성장기이자, 꿈을 위해 나아가기 위한 기록이라고도 생각해주시면 좋겠습니다.

흔하디흔한 존재가 된 김밥으로 저는 새로운 인생을 살고 있습니다. 단지 좋아하는 김밥을 열심히 먹으러 다녔을 뿐인데, 제 여정을 응원해주는 10만여 명의 팬들이 생겼고 많은 사람들은 저를 김밥덕후 혹은 김밥에 미친 사람이라는 이름으로 부르기 시작했어요.

약 10만 명의 구독자가 있는 김밥집 계정은 제가 전국김밥일주를 다녀온 후, 기록의 의미로 게시물을 업로드하기 시작합니다. 딱 1,000명의 김밥덕후만 모였으면 했는데 무려 10만 명이라는 사람들이 모이게 되었네요. 김밥을 좋아하는 사람이 이렇게 많을 줄은 몰랐습니다. 김밥 하나로 이렇게 모인 사

람들이기에 제겐 더욱 뜻깊더라고요. 아무튼,

이 책은 단지 시작일 뿐입니다. 지금도 일주일에 서너 번은 새로운 김밥집을 찾아다니고 있으니 궁금하신 분들은 인스타그램의 [@gimbapzip] 또는 유튜브 [밥풀이네 김밥집]을 통해 저의 김밥 여정을 계속 보실 수 있습니다. 이 책을 내기까지 응원해주신 모든 밥풀이들에게, 앞으로 밥풀이가 될 모든 분들에게 감사하다는 말을 전하고 싶습니다.

김밥이 햄버거와 피자처럼 세계적인 음식이 되는 그날까지, 김밥에 인생 한 번 걸어보겠습니다.

김밥 많이 사랑해주세요!

차례

프롤로그 "김밥 하나에 인생을 걸기로 했습니다" ································ 4

김밥 큐레이터가 '또간집' BEST 10 ································ 14

취향에 저격 김밥 큐레이팅! ································ 16

165인의 추천사, 기대와 응원 메시지 ································ 20

서울

강서구 · 관악구 · 동작구 · 영등포구

집애김밥 ····················· 32

홍익팔뚝금밥 ················· 34

푸드피아 ····················· 36

김밥나라 남성역점 ············· 38

김밥엔 ······················· 40

김밥예쁘게드세요 ············· 42

마포구 · 서대문구

엑소김밥 ····················· 44

롤앤롤김밥 ··················· 46

세끼김밥 ····················· 48

송이네 ······················· 50

참바른김밥 ··················· 52

우엉 ························· 54

오렌지김밥 ··················· 56

다시밥 ······················· 58

연대북문우리집 ··············· 60

용산구 · 은평구 · 종로구 · 중구

골목집 ······················· 62

5412 ························· 64

진김밥 ······················· 66

소풍 ························· 68

플레김밥&카페 ················ 70

까망김밥 ····················· 72

동대문구 · 성동구 · 광진구 · 중랑구

가정식김밥 ··················· 74

푸른하늘 ····················· 76

식물원김밥 ··················· 78

영식품 ······················· 80

옥정김밥 ····················· 82

퍼니텅 ······················· 84

줄줄이김밥 본점 ··············· 86

성이네천원김밥 ··············· 88

강남구 · 강동구 · 서초구 · 송파구

모퉁이 ······················· 90

신영김밥 ····················· 92

한양김밥 ····················· 94

오미마리 ····················· 96

그집김밥 · · · · · · · · · · · · · · · · · · · 98

신성김밥 · 102

커피가머무르는곳 · · · · · · · · · · · · 100

케이트분식당 · · · · · · · · · · · · · · · · 104

인천 · 경기도

인천

무지개김밥 · · · · · · · · · · · · · · · · · · 108

사랑이네김밥 · · · · · · · · · · · · · · · · 110

순애네김밥 · · · · · · · · · · · · · · · · · · 112

초가메밀우동 · · · · · · · · · · · · · · · · 114

홍성래특허김밥 · · · · · · · · · · · · · · 116

경기도

평택 기운네김밥 · · · · · · · · · · · · · · 118

평택 대중김밥 · · · · · · · · · · · · · · · 120

평택 한꼬마김밥 · · · · · · · · · · · · · 122

안양 비아김밥 · · · · · · · · · · · · · · · 124

안양 온유김밥 · · · · · · · · · · · · · · · 126

안양 즉석감고을김밥 · · · · · · · · · 128

안양 최영미자매기임밥 · · · · · · · 130

군포 부자영김밥 · · · · · · · · · · · · · 132

오산 쑥쑥김밥 · · · · · · · · · · · · · · · 134

시흥 이모분식 · · · · · · · · · · · · · · · 136

화성 이영복김밥 · · · · · · · · · · · · · 138

안산 천서방김밥 한대앞본점 · · · 140

김포 쿠쿠르뻥뻥김밥 · · · · · · · · · 142

하남 하늘사다리 · · · · · · · · · · · · · 144

부천 해주김밥이랑국수 · · · · · · · 146

부천 홍진김밥 · · · · · · · · · · · · · · · 148

차례

강원도 · 대전 · 충청도

강원도

강릉 감자유원지 ·············· 152

춘천 심야 ·············· 154

춘천 왕짱구 ·············· 156

속초 요기국수김밥 ·············· 158

대전

박경람아란치니김밥 ·········· 160

정김밥 ·············· 162

충청도

천안 낙원김밥 ·············· 164

천안 후하게김밥 ·············· 166

청주 엄마김밥 ·············· 168

서천 원조큰길휴게실 ·········· 170

ESSAY
대전은 소보로의 도시인가 ········ 172

대구 · 울산 · 부산 · 경상도

대구

명성김밥 ·············· 176

몽디김밥 ·············· 178

캡틴의 키토샐러드칼국수김밥 180

울산

소문난김밥토스트 ············ 182

부산

김면장 ·············· 184

우리포차 ·············· 186

명란김밥 ·············· 188

생생김밥 ·············· 190

경상북도

영천 서문분식 ·············· 192

포항 최김밥 ·············· 194

경상남도

창원 낙원우동집 ·············· 196

창원 윤정이네손칼국수 ········ 198

창원 뚱땡이김밥 ·············· 200

양산 달맞이꽃분식 ············ 202

김해 미각분식 ·············· 204

사천 우리가족 ·············· 206

ESSAY
내 인생 첫 김밥집 ·············· 208

전라도

전라북도

군산 만남스넥 ····················· 212

군산 이삭분식 ····················· 214

전라남도

목포 88포장마차 평화광장점 ··· 216

목포 구포국수 ····················· 218

목포 자유떡상 ····················· 220

여수 국동칼국수 ················· 222

여수 돌산김밥 ····················· 224

여수 오동동김밥 ················· 226

제주도

제주

어머니김밥 ····················· 230

대기야놀자 ····················· 232

독새기김밥 ····················· 234

봉자커피 ····················· 236

제주또시랑 ····················· 238

은갈치김밥 ····················· 240

제제김밥 ····················· 242

서귀포

엉클통김밥 법환점 ············· 244

ESSAY
제주도에서 특히
김밥이 사랑받는 이유? ·········· 246

김밥 큐레이터가 '또간집' BEST 10

이 책에 실린 100곳 모두 저자가 애정하는 곳이라 딱 10곳만 추리기가 어려웠다. 그래서 100곳의 김밥 집 중 특별히 또 방문한 곳으로 추려보았다. ※ 취향 존중! 개인적인 의견이니 참고만 해주세요.

김밥예쁘게드세요(영등포구) p.42

김밥집 이름처럼 김밥이 정말 예쁘다. 예쁜 만큼 맛도 좋은 김밥집이다. 포슬포슬한 계란지단과 통계란이 동시에 들어가 두 가지의 계란 식감이 느껴지는 게 특징이다. 담백하고 고소한 계란김밥을 맛보고 싶다면 추천!

엑소김밥(마포구) p.44

마포구 일대에서 가장 좋아하는 김밥집 중 한 곳이다. 김과 쌀, 참기름의 기본이 탄탄해서 별다른 재료가 들어가지 않는 꼬마김밥까지 맛있었던 곳이다.

가정식김밥(동대문구) p.74

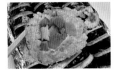

카카오지도 별점 5점에 빛나는 집이다. 생김새는 평범하지만 앉은 자리에서 두 줄을 그냥 순삭했다. 간이 딱 맞았고 밥 자체가 찰기 있고 맛있어서 계속 생각나는 김밥!

식물원김밥(성동구) p.78

즉석에서 부친 통계란말이가 들어가는 흑미김밥이다. 계란말이가 얼마나 부드러운지 계란찜을 숟가락으로 듬뿍 떠서 먹는 듯하다. 여기 묵은지참치김밥은 지금까지 먹어본 묵은지참치김밥 중에 1등.

커피가머무르는곳(서초구) p.100

일주일 내내 먹어도 안 질릴 것 같은 김밥이다. 들어가는 재료는 심플하지만, 감칠맛 가득한 김밥.

6 부자영김밥(군포) p.132

쌈김밥을 전문으로 하는 김밥집이다. 고기가 듬뿍 들어간 김밥이 먹고 싶을 땐 여기로 가면 된다. 삼겹살, 차돌불고기, 오돌뼈, 훈제 오리, 족발까지 다양한 쌈고기가 들어가는 김밥이 있다.

7 한꼬마김밥(평택) p.122

매콤하게 무친 고추무침을 함께 주는 것으로 유명한 곳이다. 땡초 참치김밥을 주문하면 꽁다리 쪽에 고추무침을 수북하게 올려준다. 개운한 매운맛이 일품인 김밥!

8 낙원김밥(천안) p.164

시골에서 직접 짜온 비법 참기름을 쓴 고소한 김밥을 맛볼 수 있는 곳이다. 재료 하나하나에 정성을 많이 쏟는 집으로 지금까지 먹어 본 참치김밥 중 1등으로 꼽을 수 있는 곳.

9 명성김밥(대구) p.176

엄마가 말아주는 집 김밥의 정석을 느끼고 싶다면 추천하는 곳이다. 35년 된 대구 노포 김밥집으로 아직도 2,000원이라는 가격을 유지 중인 곳이다.

10 어머니김밥(제주) p.230

이렇게 부드러운 계란말이김밥이라니. 입안에서 사르르 녹아 마치 카스텔라김밥 같다. 담백하고 고소한 맛이 일품이다.

취향에 저격 김밥 큐레이팅!

'오늘은 이 김밥으로 정했다!'

① 김밥의 무궁무진한 변신! 별미 김밥 모음

- 우엉(마포구) p.54 : 장조림대파김밥
- 5412(용산구) p.64 : 멍게충무김밥
- 홍성래특허김밥(인천) p.116 : 꽁치김밥
- 부자영김밥(군포) p.132 : 족발김밥, 오돌뼈김밥
- 이영복김밥(화성) p.138 : 전복김밥
- 박경람아란치니김밥(대전) p.160 : 명란김밥
- 후하게김밥(천안) p.166 : 타코야키김밥
- 원조큰길휴게실(서천) p.170 : 튀김김밥
- 김면장(부산) p.184 : 탕수육김밥
- 우리포차(부산) p.186 : 방어김밥
- 명란김밥(부산) p.188 : 명란김밥
- 뚱땡이김밥(창원) p.200 : 낙지젓갈김밥

- 만남스넥(군산) p.212 : 초장에 찍어 먹는 김밥
- 88포장마차 평화광장점(목포) p.216 : 생닭똥집과 김밥
- 자유떡상(목포) p.220 : 고추튀김김밥
- 국동칼국수(여수) p.222 : 육전김밥
- 오동동김밥(여수) p.226 : 간장게장김밥

② 지역 특산물로 만든 김밥, 여기 가면 이 김밥만큼은 사수해야 해!

- 요기국수김밥(속초) p.158 : 속초산 홍게살을 듬뿍 넣어주는 홍게김밥을 맛볼 수 있는 곳.

- 명란김밥(부산) p.188 : 부산 명란젓을 넣은 명란김밥이다. 짭조름한 감칠맛이 느껴지는 김밥.

- 우리가족(사천) p.206 : 삼천포 앞바다에서 채취한 꼬시래기를 듬뿍 넣은 김밥.

- 봉자커피(제주) p.236 : 제주 흑돼지를 달콤짭조름하게 양념해 넣은 흑돼지김밥.

- 제주또시랑(제주) p.238 : 제주 우도 땅콩을 올린 고소한 참치김밥.

- 은갈치김밥(제주) p.240 : 제주 은갈치를 살만 발라내 튀겨낸 갈치튀김을 통으로 넣어주는 김밥.

- 엉클통김밥 법환점(제주) p.244 : 옥돔부터 갈치, 굴비까지 노릇하게 구운 생선 살을 넣어주는 김밥.

③ 한국인의 소울 메뉴, 참치김밥

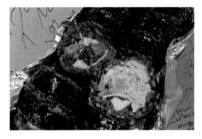

- 홍익팥뚝급밥(관악구) p.34
- 김밥나라 남성역점(동작구) p.38
- 김밥엔(동작구) p.40
- 오렌지김밥(서대문구) p.56
- 푸른하늘(동대문구) p.76
- 식물원김밥(성동구) p.78
- 모퉁이(강남구) p.90
- 정김밥(대전) p.162
- 낙원김밥(천안) p.164

④ 오늘은 다이어트 좀 하자! 다이어터를 위한 키토김밥

키토는 '키토제닉'에서 따온 말로, 탄수화물을 최소화하고 지방을 높이는 '저탄고지'
식단을 의미한다. 밥 양을 적게 넣거나, 밥(탄수화물) 대신 계란이나 메밀 등 다른 재료
를 사용해서 탄수화물 비율을 낮추었다.

- 롤앤롤김밥(마포구) p.46 *계란
- 참바른김밥(마포구) p.52 *밥 없이
- 다시밥(서대문구) p.58 *계란
- 식물원김밥(성동구) p.78 *밥 없이
- 사랑이네김밥(인천) p.110 *밥 없이
- 비아김밥(안양) p.124 *밥 없이
- 감자유원지(강릉) p.152 *메밀
- 캡틴의 키토칼국수김밥(대구) p.180
  *계란

⑤ 꿀떡꿀떡 넘어가는, 엄마 손맛 가득한 집 김밥st

이곳들은 기본 김밥을 시켜서 먹어보길 추천한다. 엄마 손맛 가득한 고소한 집 김밥을 맛볼 수 있다. 집에서 김밥 싸기 귀찮을 때, 엄마 손맛이 그리울 때, 고소한 김밥 맛을 느끼고 싶을 때 가보길 추천!

- 가정식김밥(동대문구) p.74
- 옥정김밥(성동구) p.82
- 성이네천원김밥(중랑구) p.88
- 커피가머무르는곳(서초구) p.100
- 신성김밥(송파구) p.102
- 낙원김밥(천안) p.164
- 명성김밥(대구) p.176
- 서문분식(영천) p.192
- 달맞이꽃분식(양산) p.202
- 구포국수(목포) p.218
- 돌산김밥(여수) p.224
- 대기야놀자(제주) p.232
- 제제김밥(제주) p.242

⑥ 김밥과 함께 술 한잔하고 싶을 때, 술과 함께 즐기기 좋은 김밥

- 송이네(마포구) p.50
- 골목집(용산구) p.62
- 5412(용산구) p.64
- 영식품(성동구) p.80
- 심야(춘천) p.154
- 우리포차(부산) p.186
- 88포장마차 평화광장점(목포) p.216

안녕하세요! 두 번째 책에도 응원의 글 많이 남겨주셔서 감사드립니다. 1권을 낸 지 불과 1년밖에 안 되었는데, 그사이 김밥을 좋아하는 사람이 늘어나 더 많은 분과 함께하게 된 것 같아 기쁩니다. 1권과 2권을 포함해 총 486분이 남겨주신 추천사는 앞으로 제가 김밥길을 걸을 때 큰 힘이 될 것 같습니다. 앞으로도 열심히 김밥 먹으러 다닐게요:)

김밥이 세상을 구한다!

김밥대장님 덕분에 김밥처돌이인 제가 김밥 맛집을 찾아다니면서 더 맛있는 김밥을 먹고 있어요!! 너무나 감사합니다. ㅎㅎ 한국인은 역시!! 밥심! 김밥 최고!!!! **이경은** | 김밥대장님 덕분에 여러 맛있는 김밥집을 알게 되었어요! 시즌2도 기대가 됩니다~ **오아름** | 세계김밥일주 책을 내는 그날까지… 김밥 뽀에버. **암어김바비걸** | 김밥을 사랑하는 사람으로서 이렇게 김밥에 대한 정보를 미리 얻을 수 있어서 너무 좋은 거 같아요. 앞으로도 밥풀이들에게 다양한 김밥 정보 나눠주세요. **박은지** | 기본 김밥, 참치김밥, 키토김밥까지! 맛도 영양도 조화로운 김밥. 전국의 맛있는 김밥집들을 김밥대장님이 속속들이 발품 팔아 알려주시니 어딜 가더라도 굶을 걱정이 없어 마음이 든든해요. 앞으로도 많이 떠먹여 주세요♥ 잘 받아먹겠습니다. **삼공이** | 그녀는 또 한 번 해내었다. 나에게 또 다른 동기부여를 준다. 참 열심히 산다. 내가 만나본 사람 중에 가장 강한 추진력과 밝은 에너지를 가지고 있다. 김밥 먹는데 건강했으면 좋겠다. 아름다운 미소를 가진 사람. 변치 말아요. **만두장** | 대장 멋지다! 좋아하는 일을 하는 사람이 얼마나 멋진지, 진심으로 최선을 다하는 게 어떤 건지 알려줘서 너무 감사해요. 김밥 길만 걷자!! **임릴리** | 앞으로도 김밥길만 걸어보아요♥ 어김행밥 **한겨울** | 김밥러버 입장에서 이런 책이 출판되었다는 게 너무 좋네요! 앞으로 더 맛있는 김밥집 많이 소개해주세요. **이지연** | 전국 밥풀이들의 건강하고 행복한 밥길을 위하여!!! FOREVER **잔나큐**

그동안 제가 알던 김밥보다 더 많은 종류가 있다는 것을 책을 통해 배웠어요. **주른이** | 항상 엄마 김밥 외에는 큰 관심이 없었는데 김밥대장님을 보고 관심이 생기면서 이것저것 먹어보고 있습니다! 꽤나 힐링되는 시간이어서 너무 만족하고 감사합니다!!《전국김밥일주2》도 기대하겠습니다! **김지은** | 김밥을 좋아했는데, 이런 책이 있어서 김밥을 더 좋아하게 됐어요! 책을 산 뒤로 여행 일정이 잡히면 책에 그 지역 김밥집

이 있는지 찾는 게 여행 일정에 들어가게 되었네요!! **최지희** ｜ 소소했던 김밥을 특별하게 만들어 큰 행복으로 바꿔준《전국김밥일주2》:) **울울** ｜ 김밥아 사랑해!!! 김치를 이기는 날까지 아자아자 김밥팅!!!! **컴쟁이** ｜ 대장 시즌 2 축하해. 책 많이 팔아서 김밥 많이 사드셔요 울대장. **철갑산장산범** ｜ 김밥으로 우주정복 2탄!!! 우리 모두의 소울푸드가 되길! **세현** ｜ 평생 한 가지만 먹을 수 있다면 고민 없이 김밥이라 말할 정도로 김밥을 사랑하는데, 대장 덕분에 김밥의 무한한 세계를 알게 되어 정말 감사해요:-) 1권에 이어 2권도 알짜배기 콕콕 담긴 정보 기대합니다! **권혜수** ｜ 어느새 시즌 2를 하시다니 대단해요. 처음에는 설마 했지만 읽고 찾아다니면서 '이건 찐이다' 싶었습니다. 김밥대장님 팬이 되었고 항상 응원합니다. 앞으로도 계속해서 기대하고 존경합니다. 파이팅!! **조민우**

흔한 음식 같아도 이렇게 다양하게 달라질 수 있구나 싶은 게 김밥인데, 그 많고 많은 김밥과 김밥집들을 성실히 소개해주는 소중한 책입니다. **miredore** ｜ 대장님 덕분에 다양한 김밥집을 알게 되었어요. 언제나 감사하고 시즌 2도 잘돼서 많은 사람이 다양한 김밥을 경험하고 공유했으면 하네요!! **김유빈** ｜ 김밥대장님처럼 김밥을 사랑하는 사람들 중 1인으로서 이 김밥 컨텐츠가 영원하길 바라며, 제 기준 가장 맛있는, 저희 어머니가 싸주신 김밥보다 더 맛있는 김밥을 찾을 때까지 함께해요!! **최율무** ｜ 김밥이 뭐 다 똑같은 김밥이라는 편견을 없애주신 것 같아요. 김밥집 흥해라! **박풀이김밥** ｜ 이 세상 모든 김밥을 찾아서! **송승환** ｜ 무한확장 가능한 김밥 세계관을 경험해보세요:) **정하나** ｜ 김밥을 좋아하는 사람으로서 이 책은 무조건 소장 필독이라 생각됩니다. 나 대신 김밥 여행을 떠나주는 책! **김보람** ｜ 김밥을 좋아하는 사람이 이렇게나 많다는 걸 이제서야 알았어요! 항상 맛있는 곳 찾아주셔서 감사히 쫓아다니고 있어요:) **이수영** ｜ 김밥을 좋아하는데, 김밥을 좋아하는 사람들이 김밥대장을 선두로 모여 김밥이란 문화를 만들어 가고 있어서 너무 행복합니다. 저는 여행의 주제가 김밥이에요. 가보고 싶은 김밥집을 정하고 그 주변을 관광합니다! 대장님 덕분이에요! 2권에는 또 어느 곳이 나올지 기대가 됩니다:) 2권도 방문 도장으로 가득 채울 거에요! 신난다! 한입의 행복:) **제트누너워낙** ｜ 이 세상 모든 김밥을 정복하는 그날까지! **남인휘** ｜ 대한민국 패스트푸드의 원조인 김밥에 대해 이렇게 진심이고 팩트 체크 해주는 책은 단군 이래 없었다고 자부하고, 외근 다닐 때, 출출할 때, 입맛 없을 때 등 언제든지 가방에 챙겨서 가지고 다니고 싶은 김밥 책의 두 번째 출간을 진심으로 기다리며 추천하는 바입니다. **이동민** ｜ 첫 번째 책을 보며 전국에 김밥집이 이렇게 많고 다양한 줄 새삼 처음 알았어요~ 한번 가보고 싶은 곳도 체크해두기도 했는데 두 번째 책도 어떤 가게들이 있을지 기대기대 만빵이어요~! 김밥 전문도서로 추천!! ***감자감자뿡*** ｜ 김밥을 좋아하는 사람이라면 꼭! 지니고 다녀야 할 책~ 네임드 김밥집뿐 아니라 현지인만 알 수 있는 맛집도 알 수 있어요~ **둥이누나**

김밥이 제 소울푸드인데 동지들이 많아서 행복해요. **하치** ｜ 그 누구보다 김밥의 맛이 아닌 멋까지 아름답

게 포장해서 알려주는 대장님의 《전국김밥일주2》 시즌 2 출간을 진심으로 축하드리고 새로운 발걸음을 응원합니다. **신예원** | 김밥이란 음식과 친해지고 싶다면 정다현의 책을 읽어라. **권시온** | 여행 갈 때마다 가는 지역의 김밥집을 항상 찾아보고 가는 습관이 생겼어요! 앞으로도 파이팅:) **torong2222** | 김밥계의 황석희랄까요. 제가 성인이 되고 롤 모델이 황석희 번역가였는데 한 분 더 생긴 것 같네요. **권오범** | ♥김밥덕후대장님 고맙습니다. 김밥이 너무 좋아♥ **아이러브세하맘** | 이보다 다양하고 다를 수 없다! 우리 집도 나오길 기다립니다. **김포파란고래** | 집에서도 자주 김밥을 해 먹는 깁밥러버이지만, 김밥을 먹기 위해 여행을 가본 적도 없고 타지의 김밥집을 검색해본 적도 거의 없더라고요. 맛있는 김밥집 많이 소개 해주셔서 감사해요! 앞으로도 김밥 많이 먹으러 다녀주세요~ 덕분에 좋은 김밥집들을 많이 알게 되었어요! 앞으로도 잘 부탁드려요 꽃길만 걸으세요! **곽예은** | 제가 추천사를 또 적게 될 줄이야! 김밥대장님 시즌 2 출간 축하드립니다. 타지역 여행 가면 《전국김밥일주2》 책부터 펼쳐서 그 지역에는 어떤 맛있는 김밥이 있나 찾아보곤 했던 저의 소중한 책 중 하나였습니다. ㅎㅎ 피드도 항상 보고, 전국에 계시는 밥풀님들과 소통하면서 느낀 건 김밥 종류가 엄청나더라고요~~~ 김밥의 세계는 무궁무진하다는 걸 매번 느끼고 있습니다. 온 세상 김밥 발굴하는 그날까지!!! 시즌 2도 응원하겠습니다~ 항상 건강하세요:) **뭉꽁**

김밥에 미친 자는 많으나 이렇게까지 미친 자는 없다. 김밥애호가에게 엄청난 길잡이가 될 것이다. 따라가서 함께하고 싶다는 생각이 들었다. 같이 김밥 줄 합시다! **정지혜** | 김밥집 님을 알게 된 건 제 알고리즘이 제일 잘 한 일 같아요. 앞으로도 전국 방방곡곡 남은 김밥집들 기대하겠습니다! ! **양수정** | 제목만 보고 '김밥을 얼마나 좋아하면 책까지 출간하게 되셨을까'라는 궁금증 하나만으로 덥석 구매했던 《전국김밥일주》. 우리에게 너무 친근한 음식이라 오히려 잊었던 김밥의 매력을 다시 알게 해준 책! 얼마나 더 많은 김밥 맛집이 있을지 2권이 기대됩니다. **박성민** | 김밥은 제 인생입니다. 이 책 없이는 그 인생을 펼쳐나갈 수 없어요. **김동진** | 대한민국에서 가장 호불호가 적은 음식 김밥은 '조미된 밥과 속 재료를 김에 말아낸다'라는 단순한 레시피로 만들어진다. 그러나 오히려 레시피가 단순하고 속 재료의 종류에 따라 메뉴가 달라진다는 점에서 '김밥의 확장성'은 무한하다. 이를 첨병에 서서 김밥을 백서로 만든 이가 바로 《전국김밥일주》의 정다현 작가이다. 김밥처럼 무한히 확장하는 그녀의 앞날을 무한히 응원한다. **권오찬** | 죽기 직전에 딱 한 가지 먹을 수 있는 음식이 있냐고 묻는다면 바로 김밥!!! 김밥을 같이 사랑할 수 있게 해주셔서 감사합니다♥ **서지희** | 김밥을 좋아하는 일본인인데 김밥대장님 김밥 소개를 보고 한국 여행 계획을 세우고 있습니다.^^ 앞으로도 김밥 맛집 공유해주세요! 응원합니다. **아카사카 레미**

우리나라를 넘어서 전 세계로 김밥집이 널리 퍼지길! **정현진** | 김밥을 옛날 옛적부터 좋아했지만 김밥집 님의 인스타를 보면서 더욱 좋아하게 되었어요. 시즌 1 때 책 구매 후 많은 곳을 다녔는데 조금 더 많은 곳

이 책으로 나오길 바라는 마음도 컸습니다. 드디어 기다리던 시즌 2가 출간되어 너무 기뻐요. **이보람** ㅣ 까만 도화지에 하양, 노랑, 초록, 갈색, 빨강, 주황, 갈색으로 그리는 그림, 길게 길게 쭉쭉 방방곡곡 다녀주세요. **윤난영** ㅣ 전국에 흩어진 반짝이는 구슬들을 꿰어 하나의 콘텐츠로 만들어 주셔서 감사합니다. 수많은 브랜드가 김밥이란 이름으로 단결할 수 있었던 건 단언컨대 김밥대장님 덕분! **김동현**

몇십 년간 가족들을 위해 김밥을 말아주셨던 엄마의 소울푸드가 김밥이라는 것을 알게 되고 김밥대장의 추천을 받은 곳의 김밥을 사다 드렸어요. 항시 입이 짧다 느낀 엄마였는데 그 자리에서 입이 터질 듯 넣으시며 두 줄을 뚝딱 하시는 것을 보니 괜스레 죄송하고 또 감사했습니다. 누군가에게는 김밥대장의 대장정이 하루의 뿌듯함이고, 행복이고, 효도입니다. 김밥대장의 김밥일주 대장정을 무한 감사드리고 응원합니다. **이경희**

상상 속에서만 존재하던, 아니 상상조차 할 수 없었던 김밥의 모든 것을 지금 이 현실 속에서 모두 체험할 수 있습니다. 김밥대장의 콘텐츠를 통해서 먼저 맛을 상상해보고, 그다음에는 찾아가서 직접 맛보고 느낄 수 있습니다. 김밥대장님! 전국의 다양하고 맛있는 김밥을 소개해줘서 정말 고맙습니다. **정윤서** ㅣ 김밥집 님의 김밥집 추천 책보고 제주도 오는정김밥 맛있게 잘 먹었어요!! 김밥집 파이팅! **밥상** ㅣ 김밥이 온 세상을 평정할 그날까지! ☆김밥포에버☆ **현성본혁** ㅣ 어느 순간 김밥은 제 최애 음식이 되었습니다. 좋아하는 김밥집이나 엄마 손 김밥만 파던 제게 다양한 김밥의 세계를 알려주셨습니다. 앞으로도 열심히 김밥 먹으면서 대장님을 응원하겠습니다. 책 출간을 진심으로 축하합니다!! **김밥러버냥이** ㅣ 김밥집으로 삼행시 지어볼게요. 김: 김밥일주 2 나오면 도장 깨기 하려고 밥: 밥값 두둑하게 챙겨두었답니다! 집: 집필해주셔서 감사합니다~ **성이슬** ㅣ 새로운 지역에 가게 되면 '#김밥집_지역' 먼저 검색합니다. 흐흐 너무나도 흥미로운 책이에요! (참고로 전 내일 점심도 김밥 예정) **장유진** ㅣ 어느새 내 옆에 김밥이 있었다. **최민주** ㅣ 나의 최애 음식 김밥에 대해 나 또한 투어를 다닐 수 있도록 투혼(?)을 불러일으켜 주신 《전국김밥일주》를 지대하게 듬뿍 응원하고 짜루짜루 진짜루 축하합니다! **김민수** ㅣ 김밥대장의 노력이 저에겐 행운입니다. 전국에 그 많은 김밥집이 없어지기 전에 갈 수 있을지 모르겠지만 행복한 여행을 응원할게요. **형상일** ㅣ 김밥대장님은 언제나 믿어요! 추천해주신 김밥집은 무조건 믿고 가니깐 언제나 함께 해주세요:) **배경희** ㅣ 온 세계의 김밥집을 정복하는 그날까지! **배유경**

3n년 차 김밥 덕후. 그동안 비루한 검색 실력에만 의존하여 '김밥 맛집' 찾아다니다 어설픈 광고 글에 많이도 속았습니다. 김밥 맛집이라 하여 실제로 방문했다가 "여기가 아닌가벼~"를 수없이 읊조리던 어느 날, 김밥 덕후를 위로하는 책 《전국김밥일주》가 출간되어 '만세!'를 외치며 구매한 게 엊그제 같은데… 시즌 2

가 출간된다는 소식에 눈시울이 붉어지고…기보다는 '또 참기름 향 맡으러 따라가봐야겠군' 하는 생각에 미소가 절로 지어지네요. 취향저격 인기 콘텐츠만 가능하다는 시즌 2라니! 정말 축하드리고, 앞으로도 제 김밥 덕질에 길잡이가 되어주실 거라 기대합니다! 킨텍스 전시장에서 '김밥집 전국김밥페어' 개최하는 그날까지…! 뭐 하세요? 김밥 맛집 찾으러 안 가시고?! ^^ **Re_zac**

김밥여정의 시즌 1부터 2까지 함께할 수 있어서 너무 행복해요! 이제 두 권 들고 김밥여정을 가야겠네요. 김밥길만 걷자!! **신예성** │ 김밥이 땡길 때마다 김밥대장 피드 들어가서 정독하는 게 제 낙이에요!!! 김밥 하면 김밥대장… 김밥 덕후 아가씨가 낸 책, 얼마나 많은 김밥 스토리가 있을지 기대되네요~!! **쨈밍** │ 김밥에 진심이신 대장님과 같이 김에 진심인 완도인입니다.^^ 좋아하는 것에 열정이 넘치시는 모습 항상 응원합니다! **이성관** │ 김밥러버로서 행복합니다. 김밥 영원히 사랑해:-) **장희선** │ '김밥' 하면 '어릴 때 소풍 갈 때만 먹던 음식아니야?'라고들 많이 말씀하시잖아요. 저 역시도 김밥에 대해서 간단히 빠르게 먹을 수 있는 음식이라고만 생각이 드니까요~ 하지만 다릅니다!!! 제가 책을 보면서 김밥집을 찾아다닐 줄이야… 찾아다니면서 줄도 서면서 김밥 한 개 한 개를 먹을 때마다 음미하면서 먹고 이 집의 참치김밥과 저집의 참치김밥이 뭐가 다른지, 속 재료는 어떤지, 무슨 미@랭을 책정하는 사람이 된 것같아 재미도 있었구요. 단순히 추억을 공유하는 음식에서 시작된 김밥에서 여러 사람과의 추억을 공유하는 음식이 되어 버린 김밥~ 작가님을 응원하고 3권, 4권 나올 때까지 쭉 저는 대한민국 영원한 밥풀이 하겠습니다!! **홍라임** │ 김밥러버로서 바이블을 접한 느낌이었는데 2권은 더더더 기대됩니다!!! 전국 김밥 다 섭렵할 때까지 파이팅^^ **박혜림** │ 김밥 먹고 다들 힘내자!!! **현선민** │ 김밥러버들에겐 김밥 바이블이 될 수도 있을 만큼 인상깊었고 앞으로 '김밥' 하면 @gimbapzip이 바로 떠올랐으면 해요!! **김채운** │ 그래도 우린 하나 통한 게 있어 김밥, 김밥을 좋아하잖아~ **박민호** │ 김밥집이 이렇게 많다니! 김밥 종류가 이렇게 많다니! 책을 통해서 또 한 번 김밥을 알아갑니다. **전주은**

어릴 때부터 하나에 빠지면 푹 빠지는 내 친구. 한창 연예인 이준기, 태왕사신기에 빠졌던 기억이 난다. 지금은 김밥에 푹 빠졌고. 우리에게 큰 원동력이 되고, 오랜 친구지만 멋진 롤 모델이다. 할 수 있을지 걱정하기 전에 먼저 행동한다. 다 차려 놓은 밥상에 숟가락을 얹기보다 본인의 방법으로, 본인의 속도로 길을 만들어 간다. 그런 점에서 친구지만 존경한다. 지금도 충분히 누군가의 기억 속에 기억될 만한 한 페이지이니 고민 말고 마음껏 즐겼으면. 파이팅 **기미팅게일** │ '한국' 하면 떠오르는 음식 김밥! 한국에 얼마나 다양한 김밥이 있는지, 한국인들을 넘어 전 세계인을 위한 교과서로 충분합니다. **김밥톡은박지주름잡이** │ 《전국김밥일주》는 저와 남자친구가 '김밥 좋아 바이브'를 공유할 수 있게 해준 소중한 책이었습니다. 책에 있는 많은 김밥집에 오픈런을 함께 하면서 썸이 사랑이 되었습니다. 세상에 김밥을 좋아하는 흔치 않은 남녀가 만난 건 줄 알았는데, 사실 김밥 좋아하는 사람들 참 많았더라구요.ㅎㅎ《전국김밥일주2》도 너무 기대됩니다♡ **이진욱** │ 1권에도 응원 문구를 적었는데 다시 적을 수 있어서 김밥순이로서 넘 기쁩니다:) 김밥 책이 나오고부터는 '뭐 먹을래?' 대신 약속 장소 근처에 김밥집이 있나 책을 펼쳐보고 있어요. 2권이 나온다니 김밥 좋아하는 친구랑 가볼 곳이 더 늘어나겠네요! 3권 4권까지 응원합니다:) **김밥셈** │ 저도 김밥 정말 좋아하는데, 이 책보고 맛있는 김밥일주 해보고 싶어요!! 김밥대장님 출간 축하드려요!! **박윤성** │ 김밥 맛집에 대해 많이 궁금했는데 책을 통해 많이 알게 되어서 좋네요!ㅎㅎ **지우** │ 김밥 한 줄이 주는 행복을 같이 공유해주셔서 감사합니다. **김혜진** │ 대동여지도의 김정호가 있다면 김밥지도에는 김밥대장이 있다! **이미희** │ 저도 그 누구보다 김밥을 좋아해서 어딜 가든 무조건 김밥을 먹고, 일주일 내내 먹은 적도 많았는데, 김밥집 계정을 알게 된 뒤로 저는 아무것도 아니란 걸 알았어요! 그래서 앞으로 더더욱 열심히 김밥집 책도 보면서 더 다녀볼까 합니다! 저처럼 김밥 좋아하는 사람들이 많아서 행복합니다! **백지은** │ 우와~~ 김밥 좋아하는 마니아로서 너무 너무 기대되는 책입니다!! **남다혜** │ 꽃이 피려면 뿌리가 있어야 하듯 항상 기본을 바탕으로 많은 정보와 맛집을 알려주셔서 감사하고, 덕분에 오늘은 어떤 숨겨진 김밥집이 있을까 매일매일 기대하며 하루를 시작합니다. **송훈종** │ 먼 미래에, 김밥집을 열고 싶은 꿈을 가진 제게 다현 님의 책은 교과서나 다름없습니다! 두 번째 책 출간을 축하드리며, 건강하고 행복하게 앞으로도 전국, 아니 전 세계로 김밥 일주하시길 바라요! **송아름** │ 책 꼭 살 거예요ㅠㅠ **ooyo_ung** │ 전 국민이 밥풀이 되면 그 때는 세계정복이야, 대장. **이준무**

김밥으로 전국 일주하시는 거 진짜 신기해요. 별스럽지 않은 음식이라 의식하고 사 먹은 적이 없는 데다, 여행지에서도 김밥을 사 먹은 적이 거의 없고, 소풍 때 살고 있는 집 근처에서 사들고 가거나 엄마가 해주신 걸 먹는 게 김밥 기억의 전부였는데 요즘 대전에 김밥 맛집이 많아진 건지 김밥을 자주 사 먹게 되나닷ㅎ 설레는 여행 가기 전에 한 줄 챙겨 먹고 가는 기분처럼 두 번째 책도 기대하겠습니다! **최미영** │《전국김밥일주2》출간을 진심으로 축하드립니다. 앞으로도 맛있는 김밥집 소개 부탁드려요!!! -항상 응원하는 밥풀이가- **박주옥** │ 내 워너비를 실현한 당신, 멋있어 사랑해 **yk** │ 알록달록한 김밥의 세계에서 알록달록한 맛 평가와 맛있는 추천 남겨주셔서 항상 감사해요! 해외로도 널리 널리 김밥을 알리고, 김밥이 세계인이 한 번쯤은 먹어본 음식이 될 수 있도록 함께 해주세요:) **전유림**

사연까진 아니더라도 추억 하나쯤은 있을 법한 음식인데, 김밥 좋아한다고 하면 반응들이 심드렁하더라고요. 반가웠어요. 나 말고도 이렇게 김밥에 진심인 사람이 있다는 게…. 소개된 모든 곳을 가볼 수는 없었지만, 여행지에 가볼 곳 하나가 추가되는 설렘… 고마워요. 늘 응원할게요! **김영아** │ 김밥처돌이인데 덕분에 손쉽게 맛집을 잘 다니고 있습니다. 너무 감사합니다. **김첨지** │ 김밥대장님 덕분에 제가 김밥을 정말 좋아했었다는 걸 다시 기억하게 됐고, 책 따라 김밥순례를 시작하고 삶이 더 활기차졌어요! 시즌 2 출간을 진심으로 축하드립니다! **조은영** ㅣ 한 놈만 패는! 김밥에 진심인! 대장님 따라 전국 팔도 김밥 제패해볼게요. **김밥유진김밥** ㅣ 늘 한국 김밥 문화 활성화를 이끄시는 대장님! 대장님의 선한 영향력 덕분에 우리나라 곳곳에 명맥을 겨우 이어나가던 김밥집들이 살아날 수 있었습니다. 2권도 많은 김밥집 사장님들에게 큰 힘이 될 거라 확신합니다. **전우치** ㅣ 김밥을 좋아하는 사람으로서 맛집 리스트를 따로 찾아 볼 이유 없이 《전국김밥일주》 시즌 1에 이어 시즌 2가 합쳐서 책 두 권으로 전국 곳곳의 김밥을 먹으러 다닌다면 행복 100%일 것 같습니다! 김밥을 사랑하는 사람 모두 함께. **나연** ㅣ 김밥집 출간 텐션 말아 올려~~~ 내 김밥 취향은 여전히 단무지 뺀 김밥 **정민교** ㅣ 김밥집 언제나 잘 보고 있어요. 다양한 한국의 김밥들 알려주셔서 감사해요. **박선민** ㅣ 김밥이 미래다! 아자장 (ㅎㅎ)♡ **지구** ㅣ 김밥을 좋아하는 같은 마음으로 책 출간 축하드려요!!! **임종민** ㅣ 제가 어느 순간 문득 김밥을 소울푸드로 느꼈던 어느 날, 〈생활의 달인〉을 시청하던 중 김밥대장님을 알게 되었습니다~ 전 아직 가보지 못했지만 눈으로 보는 글로써 느끼는 김밥의 맛과 사진을 보며 더욱더 김밥에 진심이 되고 있어요~ 김밥대장님, 앞으로도 많은 김밥평 부탁드려요~^^ -부산에서 마지막 소울푸드 김밥이의 밥풀 회원이- **이정하** ㅣ 시즌 1에 이어 돌아온 추천사☆ 벌써 2권이라니 제가 책 쓴 사람도 아닌데 괜히 뿌듯하네요. 2권도 흥해라 흥~ 다 같이 맛김세살(맛있는 김밥이 세상을 살린다) **박나영** ㅣ 김밥에 진심인 분이 만드신 책이니 믿고 보겠습니다. 항상 힘내시고 다양한 김밥 맛집 소개 많이 해주세요:D **박민지** ㅣ 다현 언니, 언니를 남파랑길 국토대장정 하면서 언니를 처음 만났는데 그때 그 모습부터 지금까지 너무 대단한 것 같아~《전국김밥일주》1부터 2까지 발간하게 된 거 너무 축하하고 앞으로도 더 열심히 응원할게!!《전국김밥일주2》도 대박 나라 압~!! **이민지**

《전국김밥일주》 1편에 나오는 집도 아직 다 못 갔는데, 2편이 벌써 나온다고요? 넘넘 축하합니다. 김밥 찾아 다니느라 평생 즐겁게 생겼네요. 넘 고맙습니다. 작가님! ^^ **박미선** ㅣ 김밥에 진심인 사람이라면 꼭 봐야 하는 책 **땡구누나** ㅣ 가는 지역마다 맛있는 김밥집을 찾아다니는 사람이 저만 있는 줄 알았는데 김밥대장을 통해 저같이 김밥에 진심인 사람이 많다는 걸 알게 되어 너무 좋았어요!! 앞으로도 쭉-! 우리 함께해요!! ♥ **서미랑** ㅣ 《전국김밥일주》 첫 번째 책을 너무 재밌게 본 1인으로서 두 번째 책도 너무 기대됩니다. 김밥대장님을 통해서 주변에 김밥에 저처럼 진심인 분들이 많은 것을 알게 되었어요! (제 주변엔 저처럼 열정적인 김밥러버가 없습니다ㅜㅜ) 너무 기대되는 두 번째 책. 응원합니다!! 세 번째, 네 번째 책도 기대할게요! **송세미** ㅣ 김밥 좋아하는데 《전국김밥일주》 보고 맛있는 김밥집이 이렇게나 많은지 알게 되었습니다! 2권도 기대할게요. **이경아** ㅣ 나만큼 김밥에 진심인, 아니 '이렇게나 진심이라고' 싶은 분을 알게 되었습니다. '한 김밥 한다' 생각한 건 착각이더라고요. 김밥이라면 많이 가보고, 맛보고, 아는 김밥 박사 아닌가 싶어요. 늘 공유해주시는 김밥집 잘 기억해두고 있습니다. 공유해주셔서 감사합니다. **안유진** ㅣ 즐기는 김밥 여행 만드세요. **박상민** ┃ 죽기 전 마지막 음식은 김밥 한 줄과 시원한 얼음물 한 잔. 그때를 장식할 식사의 길잡이가 되어줄 책. **성지윤** ┃ 죽기 전에 가장 먹고 싶은 음식이 무엇이냐 물어본다면 단언컨대 고추참치김밥을 외치곤 합니다. 그런 저에게 보물 지도 같은 《전국김밥일주》는 한 페이지씩 아껴 보는 선물의 책이랍니다! **이예영** ┃ 변하지 않는 나의 생각은 '가장 빠르게 행복을 공급받을 수 있는 방법은 김밥이다!' 입니다. 전국 어딜 가더라도 두려움보다 기대감이 더 큰 이유는 대장이 먼저 간 길을 믿고 따라가기만 하면 된다는 확신 때문이에요. 대장 항상 고마워요! 대장 항상 행복하길 바라요<3 **조현진** ┃ 김밥집 운영 1년 6개월 차 김밥러버입니다. 도움도 많이 받고 내적의지 많이 하고 있어요. 1호선김밥, 애 셋 엄마, 여사장 올림 **이한나** ┃ 아이 출산 후 회복실로 가기도 전에 김밥부터 찾아서 입에 넣었던 저ㅋ 김밥대장님 따라 김밥 순례 다닐 생각하니 넘 행복하고 설레요. **신은정** ┃ 벌써 시즌 2라니!! 너무 축하드립니다~~! 시즌 1을 통해서 우리 지역뿐만 아니라 전국 방방곡곡 김밥 맛집을 알게 되었어요.ㅎㅎ 시즌 2도 너무 기대가 되네 ><김밥이 전 국민을 넘어서 전 세계인의 소울푸드가 되는 그날까지 김밥대장님을 응원합니당~!! bb **시녕**

대장! 우리 집은 대체 언제 먹으러 올거유? 언제 그만둘지 모르니까 빨리 와서 내 김밥 먹으러 와쥬.(하트) 차 안에 대장님이 쓴 김밥 책 항상 들고 다니며 지나가는 지역 김밥집 찾아다니는 재미로 다니는데… 김밥책 2도 넘 기대되네요. 출간 진심 축하하고 존경하고 사랑해유 나의 김밥대장님~!! **김도희** ┃ 이제 1편에 소개된 집들을 하나씩 찾아 떠나려고 하는데 다음 편이 있다는 것이 너무 기대되고 설레네요. 오늘도 김밥 원정대는 떠나보겠습니다! 늘 소풍가는 마음으로~ **김밥신박사** ┃ 잊지 못할 관악산의 기운을 담아 -23.11.19.(일) **최혜빈** ┃ 《전국김밥일주2》가 나온다니 너무 좋아요! ! 김밥 맛집 많이 알려주셔서 감사해요. **황은영** ┃ 외식업계의 센세이셔널한 한 줄 그었다. 김밥 한 줄. **정지수** ┃ 덕분에 맛있는 김밥집을 알게 되서 정말 기쁩니다! 앞으로도 파이팅이에요! **피재욱** ┃ 좋아하는 김밥으로 시즌 2까지! 시즌 3, 그 이상까지 이루어 내시길 기대하겠습니다. **정하나** ┃ 가장 좋아하는 음식이 김밥인 저에게 1권도 너무 기쁜 책이었는데 2권이 나온다니…! 작가님 너무 축하드립니다:) 이번 책이 끝이 아니라 앞으로도 많은 김밥 컨텐츠 기대할게요♥♥ **김민결** ┃ 이름만 심플한 김밥의 다채로운 매력을 소개해주는 전문가? 김밥만큼이나 매력적이다. **김고양** ┃ 김밥투어 따라다니지 못했으니 책보며 따라다녀야겠네요.ㅎㅎㅎㅎ **김상우** ┃ 1권에 이어 2권까지. 김밥 좋아하는 사람에게는 지도가 추가되네요. 감사합니다, 고맙습니다. **한은지** ┃ 나의 김밥사랑을 깨우쳐준 책. 시즌 2라니 너무 기쁩니다. 대박날 거예요. 아자아자 파이팅! **이상진** ┃ 꼭꼭꼭 오래오래 김밥 좋아해주세요! 아, 그리고 브랜드 차리시면 일하러 갈 수 있게 김밥말이 수련하겠습니다. **용** ┃ 시즌 2에 이어 김밥 시즌 3, 4, 5까지 달려요. **장수현** ┃ 항상 맛있는 정보 너무 너무 감사합니다.ㅎㅎ 전 서비스직에 종사하고 있는데요, 쓰니 님 정보로 저희 주변의 김밥 맛집을 널리 널리 고객님들께 추천해 드리고 있어요! 물론 쓰니 님두요.ㅎㅎ 더욱더 좋은 일들만 함께 하시길!!한 곳 한 곳 정말 알찬 정보와 보장하는 맛!

진짜 추천해 주시는 곳이 너무 맛있어서 항상 텅장… 이젠 비슷하게 만들어 먹어야 하나… 싶은 맘이랍니다.ㅎㅎㅎ 2권도 파이팅!! **한혜빈** │ 뭉글뭉글 귀엽고 알찬 김밥이 세상을 구한다!!! **오보경**

아직 시즌 1도 다 못 가봤지만 시즌 2 갈 준비도 완료! 야무지게 돌아다녀 볼게요:) 출간 축하드려요♥ **박어진** │ 김밥대장 덕분에 김밥을 더 좋아하고 다양하게 알게 되네요. 앞으로도 많은 김밥을 널리 알려주세요!! **최인영** │ 덕분에 이렇게 다양한 김밥이 있는걸 알게 되었어요! 직접 먹어보면 좋겠지만 시간 없는 직장인으로서 눈으로 보는 것만으로도 너무 좋았습니다! 기회 되면 저도 다양한 김밥 찾으러 다니고 싶어요! **정은예** │ 나에게 완벽한 한 끼인 김밥이 책으로 벌써 시즌 2가 나오다니 너무 쪼아용! 시즌 10까지 가보즈앙♡ **정서영** │ 김밥을 사랑하는 그 마음 변치 않으셨으면 좋겠어요ㅠ 왜냐하면 전국에 다양한 김밥들 보는게 너무 재밌거든요! 시즌 2 너무 기대됩니당! **박예지** │ 김밥이 꿈이 되어 버렸어요!! **전은지** │ 김밥김밥김밥 김밥김밥 덕분에 맛있는 김밥집 많이 알아가요! ! 평생 해주세요~! **유선진** │ 전국에 있는 김밥집 다 소개되는 날까지!! 파이팅:) **김은경** │ 김밥 맛집은 많지만, 김밥 큐레이션 맛집은 여기 한 곳이죠. **김지엘** │ 김밥을 너무 좋아하는 사람으로서 맛집을 이렇게 알려주는 분이 있는데, 게다가 김밥집만 고수하는 분이 있다는데 응원 안 할 수가 없지요! ! 지역별로 갈 때마다 도장깨기 할 만한 책일 거예요. 응원합니다. **키키설맘** │ 김밥을 좋아하는 우리 모녀에게는 또 한번의 여행 같은 김밥 책이 되길 바라며 축하드립니다! **신주경** │ 김밥을 좋아한단 여자친구의 말을 듣고 시즌 1 책을 구매해서 선물하고 주말마다 김밥여행을 다니면서 이제 결혼을 하게 되었네요. 주말마다 좋은 추억 만들어 주셔서 감사합니다. **김현식**

김밥은 아주 무궁무진한 음식입니다. 어떤 재료를 넣느냐에 따라 이름까지 달라집니다. 우리도 어쩌면 김밥 같은 사람 아닐까요? 내 안에 무엇을 채우느냐에 따라 어떤 사람으로 존재하는지 증명할 수 있습니다. **성은심** │ 김밥큐레이터라는 명칭에 걸맞게 어떻게 이런 김밥을 발견한 건지 신기할 정도로 각지에 숨어 있는 다양한 김밥을 발굴해 사람들에게 소개한다. '어느 김밥은 별로다, 좋다' 등 자칫 개인적인 소감에 끝날 수 있는 소개를 각각 김밥이 가진 특성에 맞춰 큐레이팅해준다. 가끔은 저렇게 김밥을 먹으면 질리지는 않을까 싶은데, 단순한 호감을 넘은 애정의 힘은 이런 걸까 생각이 들 정도로 항상 김밥에 애정을 듬뿍 담아 정성스레 소개한다. **한지원** │ "너는 좋아하는 음식이 뭐야?"라는 질문에 "김밥!"이라고 답하면 "더 맛있는게 많은데~"라는 대답을 가끔 듣고는 해요. 정말 다양하고 맛있는 김밥이 많다는 걸 더 많은 사람이 알면 좋겠어요. 거기에 《전국김밥일주2》가 한몫을 할 것으로 기대됩니다:) **한향미**

1권 도장 깨기 중입니다. 2권도 도전!! **김민수** │ 누구보다 김밥을 사랑하는 저는 김밥대장님의 김밥길을 누구보다 응원합니다! 김밥인들의 길잡이가 되어주세요^^ **임현지** │ 여행을 좋아하고 김밥을 좋아해서 첫

《전국김밥일주》책에 나온 많은 김밥집을 아직도 다 못 가봤지만, 2권이 나온다는 소식에 더더욱 열심히 여행 다니고 먹으러 다녀야겠어요. 무조건 완벽한 책이 될 거라 저는 믿고 있습니다!!! **한빈** ┃ 친구가 알려준 김밥 계정! 어렸을 때부터 김밥에 환장한 저한테는 너무 좋은 콘텐츠였습니다. 지역마다 김밥 맛집 리스트를 보고 시간 날 때마다 찾아가서 직접 먹어보았는데 그 과정이 너무 재밌고 행복했습니다!! 시즌 1도 대박난 만큼 《전국김밥일주2》도 파이팅입니다. **김은비** ┃ 《전국김밥일주》 시즌 1에 이은 시즌 2 나올 줄 알았습니다!! 세상엔 맛있는 김밥들이 너무 많으니까요^_^ 김밥을 좋아하는 친구들과 함께 시즌 2 도장 찍기 하러 가겠습니다. 시즌 3 응원합니다ㅋ_ㅋ **뚜(표니)** ┃ 김밥, 돈까스, 짜장면 그중 제일은 김밥이니라. **박경완** ┃ 김밥러버로서 항상 응원합니다. **민이**

김밥을 정말 사랑하는 제가 서울에 살 적에 '어디 가면 맛있는 김밥을 먹을 수 있지?'라는 고민을 했습니다. 그러다 친구가 추천한 한 인스타 계정이 있었습니다. 김밥대장님이 운영 중인 '김밥집'이라는 계정이었습니다. 너무 신기하고 멋있어서 바로 팔로우를 했고 덕분에 하루 한 끼는 맛있는 김밥을 먹었네요! 아직도 타지를 가서 '뭐 먹지?' 고민할 때나 김밥이 생각날 땐, 대장님의 글을 찾아보곤 합니다. 그래서 그런지 이번에도 또 《전국김밥일주2》가 출간된다니 김밥충으로서 정말 기대가 됩니다! 이번에도 바로 구매해서 소장할 예정이에요. 김밥대장 파이팅!! 전국김밥집 파이팅!!! **조혁** ┃ 범지구적 김밥히어로님, 언젠가 김밥 드라이브스루 하는 날엔 당신의 노고에 힘찬 기립박수를. 밥풀이들이 군데군데 묻어있는 추억과 함께 따뜻한 미소를 짓게 해주어서 고맙습니다. 제주에서 항상 응원해요. **김정준** ┃ 김밥! 그 푸근함… 언제나 엄마가 그리워지는…. 이 책은 바로 그 그리움으로 가는 길잡이입니다! **박형준** ┃ 김밥을 좋아하는 1인으로서 《전국김밥일주2》가 나온다니 너무 기대됩니다. 또 어떤 특이하고 맛있는 김밥들이 소개될까요? 서울뿐 아니라 전국의 다양한 김밥집 많이 소개해주세요~ 저도 김밥일주에 도전해보고 싶어요! ! **한정아** ┃ 아프지 마시고 건강하세요 **오재은** ┃ 또 찾아오고 싶은 맛집처럼, 또 찾아보고 싶은 맛책! 정성을 넘어 진심이 닿길! **김범석**

서울

용산구, 은평구, 종로구, 중구

골목집 ・62
5412 ・64
진김밥 ・66
소풍 ・68
플레김밥&카페 ・70
까망김밥 ・72

동대문구, 성동구, 광진구, 중랑구

가정식김밥 ・74
푸른하늘 ・76
식물원김밥 ・78
영식품 ・80
옥정김밥 ・82
퍼니텅 ・84
줄줄이김밥 본점 ・86
성이네천원김밥 ・88

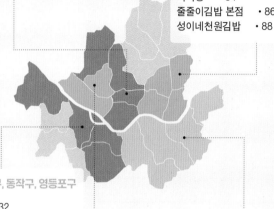

강서구, 관악구, 동작구, 영등포구

집애김밥 ・32
홍익팔뚝금밥 ・34
푸드피아 ・36
김밥나라 남성역점 ・38
김밥엔 ・40
김밥예쁘게드세요 ・42

강남구, 강동구, 서초구, 송파구

모퉁이 ・90
신영김밥 ・92
한양김밥 ・94
오미마리 ・96
그집김밥 ・98
커피가머무르는곳 ・100
신성김밥 ・102
케이트분식당 ・104

마포구, 서대문구

엑소김밥 ・44
롤앤롤김밥 ・46
세끼김밥 ・48
송이네 ・50
참바른김밥 ・52
우엉 ・54
오렌지김밥 ・56
다시밥 ・58
연대북문우리집 ・60

01

집애김밥

"토마토스파게티 맛이 나는 토마토김밥"

식당 정보

🏠	주소	서울 강서구 양천로30길 66
☎	전화번호	02-6959-6262
🕐	운영시간	09:00-20:00 ※ 매주 월요일 휴무
🧍	웨이팅 난이도	중
📋	주요 메뉴 및 가격	토마토김밥 5,500원(추천), 스팸김밥 4,500원
✏	김밥 사이즈	큼
🥢	속 재료	김, 계란지단, 단무지, 당근, 상추, 어묵, 오이, 우엉, 토마토절임
💬	매장/포장/배달/밀키트	포장 가능, 배달 가능
▶	방송 출연	없음

집애김밥
QR로 보기

마곡 주민들의 최애 김밥집으로 꼽히는 곳으로 토마토김밥이라는 독특한 메뉴가 있는 곳이다. 토마토김밥은 밥이 안 들어가는 키토 스타일로 채소와 계란이 푸짐하게 들었고 토마토절임이 들어갔다. 토마토절임이 김밥과 잘 어울릴까 생각했는데 의외로 별미다. 토마토파스타를 한입에 먹는 맛. (개인적으로 이 김밥은 와인과도 잘 어울릴 듯하다.) 스팸김밥도 베스트 메뉴 중 하나인데 짭조름한 스팸과 다른 재료의 달콤함이 어우러져 단짠의 감칠맛을 느낄 수 있다.

집애김밥
6959-6262

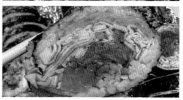

 한줄꿀팁　현재는 토마토김밥에 닭가슴살을 추가한 메뉴로 운영 중

고객 리뷰

토마토김밥은 이곳에서만 맛볼 수 있는 특별한 메뉴예요.
새콤한 토마토절임이 입맛을 돋워줘요.

나의 별점

☆☆☆☆☆

맛집 정복 완료!

스티커 or 스탬프

02

홍익팔뚝금밥

"즉석에서 무쳐주는 매운 김치에 팔뚝만 한 김밥"

식당 정보

🏠	주소	서울 관악구 호암로24길 63
☎	전화번호	0507-1388-3885
🕐	운영시간	10:00-22:00 ※ 매주 화요일 휴무
🧍	웨이팅 난이도	하
📋	주요 메뉴 및 가격	참치팔뚝금밥 6,000원(추천), 홍익금치(250g) 7,000원
✏	김밥 사이즈	큼
⊚	속 재료	김, 밥, 계란, 단무지, 당근, 맛살, 어묵, 오이, 우엉, 참치
💬	매장/포장/배달/밀키트	매장 식사 가능, 포장 가능, 배달 가능
▶	방송 출연	없음

홍익팔뚝금밥
QR로 보기

고추씨가 가득한 매운 김치를 올려 먹는 김밥집이다. 매운 김밥을 좋아한 다면 이 집을 한번 방문하길 추천! 혀가 얼얼할 정도로 맵다. 고추로 매운 맛을 내어 깔끔하면서도 강렬한 매운맛이 특징이다. 팔뚝만 한 김밥이 특 징인 곳으로 두툼한 김밥의 크기에 걸맞게 속 재료가 정말 푸짐하게 들어 간다. 이곳은 참치김밥이 시그니처 메뉴인데, 참치 맛이 특별하다. 참치 에 진미채, 옥수수, 들깨가 들어 있어 식감이 다채롭다. 김치는 주문하면 즉석에서 바로 양념에 무쳐주는데, 김치 맛집이라 김밥과 함께 세트로 주 문해보길 추천! 김치 쭉쭉 찢어서 김밥 위에 올려 먹으면 정말 맛있다.

 한줄꿀팁 홍익금치 맵기: 엽기떡볶이(매운맛) 그 이상

고객 리뷰

💬 김밥이 진짜 제 팔뚝만 해요. 한입에 다 안 들어갈 정도로 커서 저는 비닐 장갑 끼고 베어 먹었어요.

💬 매운 거 좋아하시면 홍익금치를 같이 곁들여 드셔보세요.

나의 별점

☆☆☆☆☆

····· 맛집 정복 완료! ·····

스티커 or 스탬프

03

푸드피아

"생크림처럼 부드러운 계란말이김밥"

식당 정보

푸드피아
QR로 보기

🏠 주소	서울 관악구 신림로 319
☎ 전화번호	010-6877-3485
🕐 운영시간	12:00-01:00 ※ 매주 일요일 휴무
👥 웨이팅 난이도	하
📋 주요 메뉴 및 가격	계란말이김밥 5,000원(추천), 떡볶이 4,000원
🔗 김밥 사이즈	중간
🍚 속 재료	김, 밥, 계란, 단무지, 당근, 맛살, 오이, 우엉
📧 매장/포장/배달/밀키트	매장 식사 가능, 포장 가능
▶ 방송 출연	없음

이렇게 두툼하게 말아주는 계란말이김밥은 처음이다. 김밥에 들어가는 밥 두께만큼 계란이 두툼하다. 주문하자마자 바로 말아주기 때문에 뜨끈하고 고소한 계란의 맛을 느낄 수 있다. 계란이 거칠게 느껴지지 않고 생크림처럼 부드럽게 입안에서 녹아내린다. 속 재료는 특별할 게 없지만 두툼하고 고소한 계란이 포인트!

 한줄꿀팁　떡볶이에 잡채말이, 어묵, 튀김 범벅 추천

고객 리뷰

- 💬 보통 계란말이김밥을 시키면 계란을 얇게 말아주는데 여긴 진짜 두툼하게 말아주세요. 1cm는 되는 것 같아요.
- 💬 떡볶이도 맛있어서 항상 떡볶이랑 계란말이김밥을 같이 시켜서 떡볶이소스에 찍어 먹어요. 떡볶이는 매콤달콤해요!

나의 별점

☆☆☆☆☆

맛집 정복 완료!

스티커 or 스탬프

04

김밥나라 남성역점

"간증 글을 엄청나게 받은 서울 참치김밥 맛집"

식당 정보

김밥나라 남성역점
QR로 보기

🏠 주소	서울 동작구 사당로 196	
☎ 전화번호	02-598-7182	
🕐 운영시간	05:00-19:00 ※ 매주 토요일, 일요일 휴무	
🧍 웨이팅 난이도	하	
📋 주요 메뉴 및 가격	참치김밥 5,500원(추천), 소고기김밥 5,500원	
🔗 김밥 사이즈	큼	
⊚ 속 재료	김, 밥, 계란, 단무지, 당근, 우엉, 참치, 햄, 깻잎	
💬 매장/포장/배달/밀키트	매장 식사 가능, 포장 가능	
▶ 방송 출연	없음	

밥풀이(구독자 애칭)들에게 간증 글을 엄청나게 받은 김밥집이라 궁금해서 방문한 곳이다. 어떤 밥풀이는 '지금까지 먹어본 참치김밥 중에 1등'이라 자부하니 가보지 않을 수가. 일단 참치김밥은 들어가는 속 재료 양이 어마어마하다. 참치김밥답게 특히 참치가 푸짐한데, 얼마나 넣어주시는지 꽁다리 부분에 참치가 다 튀어나올 정도. 실제로도 이곳은 오래된 단골이 정말 많은 곳으로, 점심시간이 훨씬 지난 시간이었는데도 끊임없이 손님이 들어왔다. 여기는 딱 참치김밥의 정석을 맛볼 수 있는 곳으로 '그냥 다 필요 없고 맛있는 참치김밥이 먹고 싶어요' 할 때 가면 좋은 집이다.

한줄꿀팁   점심시간이나 저녁시간에는 전화 주문 필수

고객 리뷰

💬 줄 서서 포장해 가는 김밥 맛집이에요. 참치가 많이 들었는데 과하지 않고 딱 알맞게 맛있는 맛이에요.

💬 한 줄만 먹어도 배부른 팔뚝만 한 김밥…. 여긴 그냥 참치김밥도 맛있지만 고추참치김밥도 맛있어요. 치즈라볶이도 추천!

나의 별점

☆ ☆ ☆ ☆ ☆

맛집 정복 완료!

스티커 or 스탬프

05

김밥엔

"매콤달콤한 진미채를 곁들여 먹는 계란말이김밥"

식당 정보

🏠 주소	서울 동작구 성대로1길 21	
☎ 전화번호	02-6013-6060	
🕐 운영시간	08:00-20:00 ※ 15:00-17:00 브레이크타임	
	※ 08:00-15:00 일요일 ※ 매주 월요일 휴무	
🧍 웨이팅 난이도	중	
📋 주요 메뉴 및 가격	계란말이김밥 5,500원(추천), 묵은지참치김밥 5,000원	
🖊 김밥 사이즈	중간	
🍚 속 재료	김, 밥, 고추장아찌, 계란, 단무지, 당근, 어묵, 깻잎	
📧 매장/포장/배달/밀키트	포장 가능, 배달 가능	
▶ 방송 출연	없음	

김밥엔
QR로 보기

성대시장 근처 숨은 동네 김밥집이다. 성대시장에서도 끝 쪽 골목에 있는 작은 김밥집으로 동네 주민만 아는 곳인데, 주민들도 줄 서서 먹는 김밥집이다. 계란말이김밥은 즉석에서 말아준다. 뜨끈한 계란말이김밥과 매콤한 진미채를 함께 주는데 계란의 고소함과 매콤달콤한 진미채의 조합이 좋다. 김밥 안에는 다진 고추장아찌가 들어가는데 매콤함이 은은하게 맴돌아 느끼하지 않고 깔끔하게 먹을 수 있다.

 한줄꿀팁 주문부터 포장까지 셀프

고객 리뷰

💬 여기 김밥 추천하고 안 좋은 소리 들은 적이 없어요. 집 김밥 느낌인데 재료도 알차고 너무 맛있어요.

💬 동네 숨은 김밥 맛집이에요. 가게는 작지만 맛은 거대한 김밥집입니다. 여기 묵은지가 정말 맛있으니 꼭 드셔보세요.

나의 별점

☆ ☆ ☆ ☆ ☆

맛집 정복 완료!

스티커 or 스탬프

06

김밥예쁘게드세요

"가게 이름처럼 예쁘고 맛도 좋은 김밥"

식당 정보

🏠	주소	서울 영등포구 영등포로11길 26
☎	전화번호	0507-1336-3425
🕐	운영시간	07:00-14:00 ※ 07:00-13:00 토요일 ※ 매주 일요일 휴무
👷	웨이팅 난이도	중
📋	주요 메뉴 및 가격	계란김밥 5,000원(추천), 어묵김밥 4,500원
✏	김밥 사이즈	중간
⊙	속 재료	김, 밥, 계란 2종(지단, 부침), 단무지, 당근, 맛살, 시금치, 어묵, 햄
💬	매장/포장/배달/밀키트	포장 가능
▶	방송 출연	없음

김밥예쁘게드세요
QR로 보기

가게 이름처럼 김밥 단면이 정말 예쁜 집이다. 보기 좋은 떡이 먹기도 좋다고, 한입에 넣자마자 속 재료가 입안 가득 다채롭게 퍼진다. 어느 한 가지 튀는 재료 없이 조화롭고 깔끔한 김밥이다. 특히 이곳은 계란김밥이 유명한데 얇게 썰어낸 계란지단과 두툼한 계란부침 두 가지를 사용해 포슬포슬한 식감과 탱글탱글한 식감을 동시에 느낄 수 있다.

 한줄꿀팁   재료 소진으로 조기 마감하는 경우가 많음

고객 리뷰

💬 오전에만 영업해서 늘 아쉬운 김밥집이에요. 재료 본연의 맛을 잘 살린 김밥이라 먹고 나서도 부담 없어요.

💬 김밥 한 줄에도 정성이 느껴지는 집이에요. 이렇게 예쁜 김밥은 본 적이 없어요!

나의 별점
☆☆☆☆☆

맛집 정복 완료!

스티커 or 스탬프

07

엑소김밥

"망원동에 숨어 있는 김밥 강자"

식당 정보

🏠 주소	서울 마포구 방울내로9안길 71	
☎ 전화번호	02-333-3388	
🕐 운영시간	08:00-17:00 ※ 07:00-13:30 토요일, 일요일	
	※ 매주 월요일, 화요일 휴무	
👣 웨이팅 난이도	중	
📋 주요 메뉴 및 가격	미니햄마리김밥 4,000원(추천), 마요김치김밥 4,500원	
✏ 김밥 사이즈	작음	
🍲 속 재료	김, 밥, 단무지, 슬라이스 햄	
💬 매장/포장/배달/밀키트	포장 가능	
▶ 방송 출연	없음	

엑소김밥
QR로 보기

망원동에서만 여덟 곳 정도 김밥집 투어를 했는데 지금까지는 이곳이 1등. 김과 밥, 참기름의 기본이 워낙 탄탄해서 별다른 재료가 들어가지 않는 꼬마김밥조차도 맛있었던 곳이다. 미니햄마리김밥은 김에 밥, 얇은 슬라이스 햄과 단무지가 끝인데, 자극적이지 않아 슴슴하면서도 혀끝에 감칠맛이 맴도는 아주 고소하고 담백한 김밥. 마요김치김밥은 마요네즈를 실수로 쏟은 듯 듬뿍 넣었는데 아삭한 김치와 마요네즈의 조합이 좋다. 촉촉한 목 넘김은 덤! 마요네즈가 듬뿍 들어가는 걸 좋아하시는 분들은 이 집의 마요시리즈 김밥들 꼭 드셔보시길.

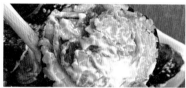

 한줄꿀팁　최소 방문 30분 전 전화 주문 필수

고객 리뷰

💬 사장님이 엑소엘(엑소 팬클럽)이세요. 가게 내부는 엑소 굿즈로 가득!

💬 망원동 주민으로서 추천합니다. 꼭 드셔보세요.

나의 별점

☆☆☆☆☆

맛집 정복 완료!

스티커 or 스탬프

08

롤앤롤김밥

"잡채김밥과 또띠아김밥을 파는 김밥집"

식당 정보

🏠 **주소** 서울 마포구 백범로 74

☎ **전화번호** 070-7755-1010

🕐 **운영시간** 07:00-20:30 ※ 15:00-17:00 브레이크타임
※ 08:00-20:30 토요일, 일요일

📍 **웨이팅 난이도** 중

📋 **주요 메뉴 및 가격** 서강김밥(매운잡채) 3,500원(추천),
필리치즈스테이크김밥 6,000원

📏 **김밥 사이즈** 중간

🍱 **속 재료** 김, 밥, 계란, 단무지, 당근, 부추, 잡채

💬 **매장/포장/배달/밀키트** 매장 식사 가능, 포장 가능, 배달 가능

🕐 **방송 출연** 맛있는녀석들 455회(23.11.17 매운잡채김밥),
생방송오늘저녁 2033회(23.06.02 매운잡채김밥)

롤앤롤김밥
QR로 보기

46

10년간 해외에서 요리를 한 셰프가 만든 김밥으로, 일단 맛은 보장이 된 곳이다. 다른 김밥집에선 볼 수 없었던 독특한 메뉴도 있는데, 바로 김 대신 또띠아로 감싼 필리치즈스테이크김밥이다. 소고기와 짭조름하게 졸인 우엉, 치즈, 볶은 양파가 들어가는데 진짜 필리치즈스테이크 맛이 난다. 고기 향과 고소한 치즈 향이 어우러져 진한 외국의 향기가 나는 김밥이다. 서강김밥은 맵게 양념한 잡채가 들어가는 김밥으로 '얼마나 맵겠어?' 했는데, 정말 맵다. 혹 치고 올라오는 매콤함이라 필리치즈스테이크김밥과 번갈아 먹기 좋다. 특히 부추 향이 잡채김밥의 맛을 더욱 살려준다.

 한줄꿀팁　　필리치즈스테이크김밥은 늦게 가면 품절

고객 리뷰

💬 잡채를 넣은 김밥이라뇨! 약간 매콤해서 계속 당기는 맛이에요. 잡채덮밥을 먹는 것 같아요.

💬 계란김밥에는 밥 대신 계란이 들어가는데 키토김밥 메뉴가 있어서 좋아요. 속에는 감자계란샐러드가 들어가는데 부드럽고 맛있어요.

맛집 정복 완료!

나의 별점

☆☆☆☆☆

스티커 or 스탬프

09

세끼김밥

"보름달을 닮은 계란폭탄김밥"

식당 정보

🏠 주소	서울 마포구 백범로 84	
☎ 전화번호	02-706-9706	
🕐 운영시간	08:00-20:00 ※ 15:00-16:00 평일 브레이크타임	
	※ 08:00-19:00 토요일,일요일 ※ 매주 월요일 휴무	
🧍 웨이팅 난이도	하	
📋 주요 메뉴 및 가격	지단폭탄김밥 6,000원(추천)	
✏ 김밥 사이즈	중간	
🍙 속 재료	김, 밥, 계란지단, 맛살	
💬 매장/포장/배달/밀키트	매장 식사 가능, 포장 가능, 배달 가능	
▶ 방송 출연	없음	

세끼김밥
QR로 보기

매일 아침 매장에서 구워낸 계란지단으로 김밥 속을 가득 채워주는 지단폭탄김밥이다. 온통 노란색으로 가득 차 있어서 보름달이라고 이름을 붙였다. 한입 가득 고소함과 담백함이 느껴진다. 속 재료로는 계란과 맛살이 끝이라 약간 심심하기도 하지만 그게 또 매력인 듯하다. 떡볶이나 쫄면을 함께 시켜 먹으면 잘 어울리는 김밥이다.

 한줄꿀팁   주먹밥도 별미

고객 리뷰

💬 참치김밥 좋아하시면 생와사비참치김밥 꼭 드셔보세요. 알싸한 향이 훅 치고 올라오면서 묘한 중독성이 있습니다.

💬 지단폭탄김밥을 떡볶이 국물에 찍어 먹으면 최고예요.

나의 별점

☆☆☆☆☆

맛집 정복 완료!

스티커 or 스탬프

10

송이네

"대파된장김밥이 특이한 망원시장의 유명한 분식집"

식당 정보

🏠 주소	서울 마포구 포은로8길 21	
☎ 전화번호	0507-1424-2876	
🕐 운영시간	11:00-20:00 ※ 매주 화요일 휴무	
🧍 웨이팅 난이도	중	
📋 주요 메뉴 및 가격	대파된장김밥 4,500원(추천)	
📏 김밥 사이즈	중간	
⊚ 속 재료	김, 밥, 계란, 단무지, 당근, 대파, 된장, 맛살, 시금치, 우엉, 햄	
🗨 매장/포장/배달/밀키트	매장 식사 가능, 포장 가능, 배달 가능	
▶ 방송 출연	없음	

송이네
QR로 보기

송이네는 망원시장의 분식 맛집으로 유명한 곳이다. 무엇보다 미녀 사장님이 운영하는 분식집으로 유튜브에서 잘 알려진 곳이다. 떡볶이도 떡볶이지만, 이곳에서만 먹을 수 있는 대파된장김밥을 꼭 먹어보길 추천한다. 대파와 된장소스의 조화가 정말 좋다. 대파가 들어가 매울 줄 알았는데, 맵기보다는 대파의 향긋함이 은은하게 퍼져 좋았던 김밥이다.

 한줄꿀팁 매장에서 먹고 간다면 1인 1메뉴 필수

고객 리뷰

💬 맥주 슬러시가 있더라고요. 분식 먹으면서 맥주 한잔할 수 있어서 좋아요.

💬 갈 때마다 손님이 많아요. 망원시장에서 유명한 떡볶이 맛집이에요.

맛집 정복 완료!

나의 별점

☆☆☆☆☆　　스티커 or 스탬프

11

참바른김밥

"홍대 키토김밥의 성지 중 한 곳"

식당 정보

🏠	주소	서울 마포구 독막로 43-1
☎	전화번호	02-323-8737
🕐	운영시간	09:00-20:30 ※ 매주 일요일 휴무
🧍	웨이팅 난이도	중
📋	주요 메뉴 및 가격	계란김밥 5,000원(추천), 다이어트김밥 6,000원
📏	김밥 사이즈	큼
⊛	속 재료	김, 밥, 계란말이, 단무지, 당근, 맛살, 어묵, 우엉, 햄
💬	매장/포장/배달/밀키트	매장 식사 가능, 포장 가능
▶	방송 출연	없음

참바른김밥
QR로 보기

건강하고 담백한 키토김밥(다이어트김밥)을 파는 곳. 키토김밥 외에도 메뉴가 다양해 남녀노소 누구나 맛있게 먹을 수 있는 김밥집이다. 무엇보다 계란이 참 특이한데, 여기는 계란지단을 얇게 부친 다음 돌돌 말아 넣어준다. 보기에도 예쁘지만 이렇게 말아낸 지단이 입안에서 푹신하게 퍼져 식감이 참 좋다. 간이 전체적으로 세지 않고 재료의 조화로움이 좋은 편. 무엇보다 사장님이 엄청 친절한 곳이다.

 한줄꿀팁   반반김밥도 가능(감자, 계란, 멸치, 스팸, 와사비, 유부, 참치, 치즈 중 택 2)

고객 리뷰

💬 속이 진짜 실해요. 먹고 나면 속이 든든해지는 푸짐함입니다. 특히 다이어트김밥은 채소를 가득 넣어줘서 포만감이 장난 아니에요.

나의 별점

☆☆☆☆☆

맛집 정복 완료!

스티커 or 스탬프

12

우엉

"생대파가 들어가는 대파장조림김밥"

식당 정보

🏠	주소	서울 마포구 토정로 37
☎	전화번호	010-2487-2510
🕐	운영시간	09:30-19:30 ※ 10:30-18:00 토요일 ※ 매주 일요일 휴무
🧍	웨이팅 난이도	하
📋	주요 메뉴 및 가격	장조림대파김밥 5,500원(추천), 우엉김밥 4,000원
🖊	김밥 사이즈	중간
⊚	속 재료	김, 밥, 계란, 단무지, 대파, 돼지고기장조림
💬	매장/포장/배달/밀키트	매장 식사 가능, 포장 가능
▶	방송 출연	생방송오늘저녁 2195회(24.02.07 장조림대파김밥)

우엉
QR로 보기

가게 이름부터 심상치 않다. 김밥 재료 중 하나인 우엉을 김밥집 이름으로 택한 것부터 호기심을 자극한다. 역시나 기본 김밥에 우엉김밥이 있길래 우엉이 잔뜩 들어간 일반 김밥일 거라 생각했는데, 다진 우엉과 김, 참기름을 넣어 만든 주먹밥이었다. 감칠맛이 가득한, 담백하고 고소한 김밥을 먹고 싶다면 이 김밥을 추천한다. 장조림대파김밥은 어디에서도 먹어보지 못한 메뉴였는데, 생대파와 두툼한 돼지고기장조림이 들어간다. 장조림이라 짜지 않을까 했는데 짜지 않고 짭조름한 정도다. 대파의 알싸하고 향긋한 풍미와 장조림의 어우러짐이 좋다.

 한줄꿀팁 매장 식사도 가능하나, 가게 내부 좌석이 좁음(2인석 한 개)

고객 리뷰

💬 다른 곳에서 먹어볼 수 없는 메뉴가 많아서 좋아요. 특히 대파장조림김밥은 처음인데, 생대파가 김밥에 들어갔는데도 전혀 맵지 않고 맛있었어요.

💬 김밥도 맛있지만 여긴 숨겨진 떡볶이 맛집이에요. 자극적이지 않고 달콤한 떡볶이예요.

나의 별점

☆ ☆ ☆ ☆ ☆

맛집 정복 완료!

스티커 or 스탬프

13

오렌지김밥

"새벽 5시부터 줄 서는 김밥집"

식당 정보

🏠 주소	서울 서대문구 세무서길 43-1	
☎ 전화번호	02-394-6400	
🕐 운영시간	05:10-20:00 ※ 05:10-19:00 토요일	
	※ 05:10-14:00 일요일 ※ 매주 월요일 휴무	
🧍 웨이팅 난이도	중	
📋 주요 메뉴 및 가격	매운멸치김밥 3,800원(추천), 참치김밥 4,300원	
📏 김밥 사이즈	보통	
🍙 속 재료	김, 밥, 계란, 단무지, 당근, 맛살, 멸치볶음, 시금치,	
	어묵, 우엉, 햄	
💬 매장/포장/배달/밀키트	포장 가능	
▶ 방송 출연	없음	

오렌지김밥
QR로 보기

홍제동에서 이른 아침부터 줄 서는 김밥집으로 유명한 곳이다. 특히 근처에 북한산이 있어서 등산객들이 많이 포장해 간다고. 나도 이번 주말에 북한산 등산이 계획되어 있어 김밥 포장을 하러 방문했다. 따로 예약하지 않고 가니 15분 정도 기다리고 받을 수 있었다. (바로 받고 싶으신 분들은 전화 주문 필수.) 참치김밥과 매운멸치김밥, 치즈김밥 주문. 전체적으로 달콤하면서 짭조름한 맛이다. 내 생각엔 밥에 간을 할 때 설탕을 살짝 넣으시는 것 같다. 특히 참치김밥은 참치와 마요네즈를 듬뿍 넣어서 촉촉한 참치김밥 스타일이다. 입안이 건조하지 않고 촉촉하고 부드럽게 넘어간다.

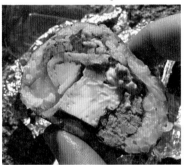

 한줄꿀팁 북한산 등산 계획이 있다면 포장 추천

고객 리뷰

💬 동네 김밥 맛집이에요. 아침 일찍 열어서 좋아요.

💬 이모들이 갈 때마다 웃으면서 반겨 주셔서 기분 좋아지는 김밥집이에요.
　　정말 친절해요.

나의 별점

☆ ☆ ☆ ☆ ☆

····· 맛집 정복 완료! ·····

스티커 or 스탬프

14

다시밥

"새콤달콤한 유부를 두른 유부김밥"

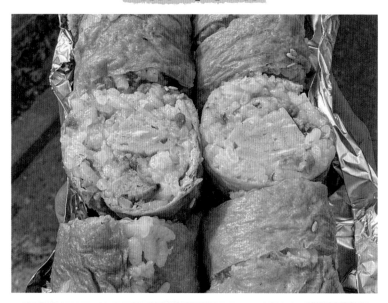

식당 정보

🏠 주소	서울 서대문구 통일로39길 43	
☎ 전화번호	0507-1311-4341	
🕐 운영시간	09:00-20:00 ※ 15:30-17:00 평일 브레이크 타임	
	※ 매주 수요일, 목요일 휴무	
👤 웨이팅 난이도	중	
📋 주요 메뉴 및 가격	소보로유부초밥 3,500원(추천), 표고버섯김밥 5,500원	
📏 김밥 사이즈	중간	
🍳 속 재료	유부 피, 돼지고기+죽순밥, 계란	
💬 매장/포장/배달/밀키트	매장 식사 가능, 포장 가능	
▶ 방송 출연	없음	

다시밥
QR로 보기

유부초밥을 좋아하는 사람이라면 꼭 가보길 추천하는 집이다. 죽순과 돼지고기를 넣고 새콤달콤하게 양념한 밥에 일본식 계란말이를 넣은 다음 유부에 말아 낸 김밥이다. 같이 주는 요거트 맛 특제소스에 찍어 먹으면 색다른 맛을 느낄 수 있다. 갖은 채소가 들어간 롤유부김밥도 있고, 일반 김밥도 있으니 취향껏 선택해서 먹어보길 추천한다.

 한줄꿀팁　푸드 스타일리스트가 운영하는 김밥집

고객 리뷰

💬 김밥과 함께 무떡볶이도 드셔보세요. 시원한 무를 넣고 끓여 깔끔하고 시원한 떡볶이 맛이 일품이에요.

💬 밥 대신 계란지단을 넣은 키토김밥이나 채식주의자를 위한 비건김밥도 있어서 좋아요.

나의 별점

☆ ☆ ☆ ☆ ☆

맛집 정복 완료!

스티커 or 스탬프

15

연대북문우리집

"완도산 활전복으로 만든 전복김밥"

식당 정보

🏠 주소	서울 서대문구 연희로26길 23	
☎ 전화번호	02-333-2330	
🕐 운영시간	11:30-21:00 ※ 14:30-17:30 브레이크타임	
	※ 매주 월요일 휴무	
👥 웨이팅 난이도	상	
📋 주요 메뉴 및 가격	전복김밥 20,000원(추천), 한우박고지김밥 15,000원,	
	옥돔김밥 25,000원 ※ 매장 식사 시 가격 다름	
✏ 김밥 사이즈	큼	
🍙 속 재료	김, 전복내장밥, 계란, 오이, 전복	
💬 매장/포장/배달/밀키트	매장 식사 가능, 포장 가능	
▶ 방송 출연	없음	

연대북문우리집
QR로 보기

김밥계의 에르메스라 불리는 곳이다. 현존하는 김밥집 중 제일 비싼 김밥을 파는 곳이다. 최고 비싼 김밥이 한 줄에 30,000원인데 김밥 낱개로 계산하면 한 조각에 3,000원인 꼴. 여기 김밥은 모두 천연 조미료와 재료만 쓰는 데다, 전부 최상의 품질로만 공수해 사용한다. 특히 전복김밥은 완도산 활전복 내장으로 밥을 비비고 두툼한 전복 살을 아낌없이 넣어 준다. 쫄깃한 전복과 녹진한 내장의 감칠맛이 어우러진 특별한 김밥이다.

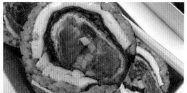

 한줄꿀팁   옥돔김밥은 하루 전 전화 주문 필수

고객 리뷰

여기는 들어가는 조미료까지 사장님이 직접 담은 장류를 사용하신다고 하더라고요. 김밥 먹고 반해서 한 번씩 특별한 김밥을 먹고 싶을 때 가요. 건강하고 맛있는 한 끼를 먹을 수 있는 곳!

나의 별점
☆ ☆ ☆ ☆ ☆

····· 맛집 정복 완료! ·····

스티커 or 스탬프

16

골목집

"엄마표 소고기김밥"

식당 정보

🏠 주소	서울 용산구 한강대로46길 11-3	
☎ 전화번호	02-792-4121	
🕐 운영시간	11:00-22:00	
📍 웨이팅 난이도	중	
📋 주요 메뉴 및 가격	소고기김밥 6,000원(추천), 미나리급랭삼겹살 17,000원	
🖊 김밥 사이즈	작음	
🍚 속 재료	김, 소고기볶음밥	
💬 매장/포장/배달/밀키트	매장 식사 가능	
▶ 방송 출연	생활의달인 921회(24.01.29 미나리생삼겹살/소고기김밥)	

골목집
QR로 보기

소주 한잔하면서 김밥을 먹을 수 있는 곳을 발견했다. 삼각지역 근처에 있는 골목집이다. 골목을 따라 들어가면 조그만 가게가 하나 보이는데 들어가기 전부터 삼겹살 냄새가 진동한다. 미나리삼겹살로 유명한데, 사이드 메뉴인 소고기김밥은 꼭 시켜야 하는 메뉴 중 하나다. 소고기김밥은 주문하는 즉시 사장님이 만드는데 짭조름한 조미김에 소고기 토핑을 섞은 밥을 조물조물 말아준다. 어렸을 때 아침밥 거르고 학교 가는 자식들의 입안에 쏙쏙 넣어주던 엄마표 김밥이 생각나는 맛이다.

 한줄꿀팁 김밥이 있는 고깃집

고객 리뷰

💬 어릴 적 추억의 김밥 맛이네요.
미나리삼겹살도 너무 맛있어서 자주 생각날 것 같아요.

나의 별점
☆ ☆ ☆ ☆ ☆

맛집 정복 완료!

스티커 or 스탬프

17

5412

"육회를 산처럼 쌓아주는 육회김밥"

식당 정보

🏠	주소	서울 용산구 이태원로54가길 12, 지하 1층
☎	전화번호	02-790-7990
🕐	운영시간	17:00-22:00 ※ 17:00-24:00 금요일, 토요일
		※ 15:00-22:00 일요일
👥	웨이팅 난이도	중
📋	주요 메뉴 및 가격	한우육회김밥 18,000원(추천),
		멍게충무김밥(1pc) 2,500원
✏	김밥 사이즈	작음
🍱	속 재료	김, 밥, 단무지, 오이, 육회
💬	매장/포장/배달/밀키트	매장 식사 가능, 포장 가능
▶	방송 출연	없음

5412
QR로 보기

한남동에 있는 한식 다이닝 바. 육회를 산더미처럼 올려주는 육회김밥으로 흡사 크리스마스트리 비주얼로 유명하다. 육회는 한우를 사용해 입에서 살살 녹는 듯 부드러운 식감이며, 양념이 강하지 않고 간도 적당해 김밥과 어우러짐이 좋다. 멍게충무김밥이라는 메뉴도 있는데 진한 바다 향을 좋아한다면 강력 추천한다. 감태로 말아낸 밥 위에 멍게무침이 올라가는데 멍게 향과 감태 향이 입안 가득 퍼지면서 바다를 한입에 먹는 맛이다.

 한줄꿀팁　'캐치테이블'로 예약 필수

고객 리뷰

💬 멍게김밥은 입안 가득 바다 향이 확 퍼지는데 감칠맛이 장난 아니에요. 멍게김밥만 계속 추가해서 먹고 왔네요.

💬 육회김밥 먹으러 갔다가 전복칼비빔면에 반하고 왔어요. 양이 조금 적은 편이라 1차보다는 2차로 가시길 추천해요.

나의 별점

☆☆☆☆☆

맛집 정복 완료!

스티커 or 스탬프

18

진김밥

"은평구 주민들이 줄 서서 사 먹는 김밥"

식당 정보

🏠 주소	서울 은평구 연서로 130-1
☎ 전화번호	02-354-7776
🕐 운영시간	06:30-18:00 ※ 06:30-15:00 토요일, 일요일
	※ 매주 월요일 휴무
🧍 웨이팅 난이도	중
📋 주요 메뉴 및 가격	소고기김치볶음김밥 4,500원(추천), 참치김밥 4,500원
✏ 김밥 사이즈	큼
🥢 속 재료	김, 밥, 계란, 김치, 단무지, 당근, 소고기, 어묵, 우엉, 햄, 깻잎
💬 매장/포장/배달/밀키트	포장 가능
▶ 방송 출연	없음

진김밥
QR로 보기

'은평구 김밥 맛집' 하면 이곳이 제일 먼저 언급된다고 한다. 매일 아침 주민들이 줄 서서 사 먹는 김밥집으로 유명하다. 내부에 따로 자리는 없고, 주문 후 밖에서 기다려서 받아 가야 하는 시스템이다. 참치김밥과 소고기김치볶음김밥을 주문했는데 듣던 대로 속 재료를 아낌없이 넣어준다. 4,000원대에 이 정도 푸짐함이면 가성비도 좋다. 참치김밥은 스위트콘이 들어가 중간중간 톡톡 터지는 재미가 있고 촉촉하다. 정말 무난하게 먹을 수 있는 참치김밥! 소고기김치볶음김밥은 새콤한 김치 맛을 좋아한다면 추천! 이곳에서만 먹어볼 수 있는 소고기+김치볶음 조합의 김밥이다. 새콤하고 아삭한 김치볶음이 김밥을 개운하게 만든다.

 한줄꿀팁   웨이팅 필수(매장 내 대기 공간이 없어서 밖에서 기다려야 함)

고객 리뷰

💬 항상 줄 서서 사 먹는 김밥집이에요. 속이 알차고 맛있어요.

💬 혼합주먹밥은 꼭 드셔보셔야 해요. 주먹밥을 주문했는데 공룡알을 줍니다.

나의 별점

☆☆☆☆☆

····· 맛집 정복 완료! ·····

스티커 or 스탬프

19

소풍

"뽕잎밥으로 만드는 뽕잎김밥"

식당 정보

🏠 주소	서울 종로구 수표로 93-1	
☎ 전화번호	02-2274-5380	
🕐 운영시간	06:00-19:00 ※ 매주 일요일 휴무	
👤 웨이팅 난이도	하	
📋 주요 메뉴 및 가격	매운오징어뽕잎김밥 4,500원(추천), 유부초밥 4,000원	
✏ 김밥 사이즈	보통	
◉ 속 재료	김, 뽕잎밥, 계란, 단무지, 당근, 맛살, 오징어볶음, 우엉, 깻잎	
💬 매장/포장/배달/밀키트	매장 식사 가능, 포장 가능	
▶ 방송 출연	없음	

소품
QR로 보기

간판만 보고 가게 이름이 '뽕잎김밥'인 줄 알았는데 실제 가게 이름은 소풍이다. 학원가가 많은 종로3가 거리에 있는 혼밥하기 좋은 작은 김밥 집이다. 이곳은 초록색 빛을 띠는 밥이 특별한데 뽕잎물로 지은 밥을 사용한다고 한다. 김밥 한 줄만 시켜도 주는 시원한 시래깃국도 맛있어서 혼자 갔을 때 국물이 필요해 라면을 굳이 시키지 않아도 된다. 매운오징어뽕잎김밥을 주문했는데 오징어 숙회를 매콤하게 양념해서 가득 넣어 준다.

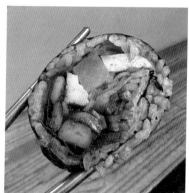

 한줄꿀팁 　토요일은 영업시간보다 일찍 마감

고객 리뷰

🗨 밥이 초록색인데 뽕잎물로 만든 밥이라고 하더라고요. 밥이 맛있어요. 고기
　김밥 좋아하시면 숯불돼지고기뽕잎김밥 추천해요. 불 향이 제대로입니다.

🗨 동네 허름한 가게처럼 보이지만, 밥 대신 곤약을 넣은 다이어트김밥도 있고
　메뉴가 다양해요! 취향껏 골라 먹을 수 있어 좋아요.

나의 별점

☆ ☆ ☆ ☆ ☆

맛집 정복 완료!

스티커 or 스탬프

20

플레김밥&카페

"삼겹살 두 줄이 통째로 들어가는 삼겹살김밥"

식당 정보

플레김밥&카페
QR로 보기

🏠	주소	서울 중구 퇴계로 331
☎	전화번호	카카오톡ID(@plagimbapcafe)
🕐	운영시간	11:30-21:30 ※ 매주 토요일 휴무
📍	웨이팅 난이도	상
📋	주요 메뉴 및 가격	김치삼겹살김밥 9,500원(추천), 연어롤(10pcs) 13,900원
🖊	김밥 사이즈	큼
🍽	속 재료	김, 밥, 고추, 볶음김치, 삼겹살, 상추
💬	매장/포장/배달/밀키트	매장 식사 가능, 포장 가능, 배달 가능
▶	방송 출연	없음

정말 길 가다 우연히 발견한 김밥집이다. 미리 싸놓지 않고 주문이 들어오는 대로 김밥을 만다. 다양한 메뉴가 있지만 연어를 듬뿍 올려 주는 연어롤과 삼겹살김밥이 제일 인기 있다. 김치삼겹살김밥은 갓 구워낸 삼겹살 두 줄과 볶음김치, 상추, 고추, 쌈장소스가 들어간다. 한입 푸짐하게 들어가는 크기다. 바삭하게 구운 삼겹살이 질기지 않고 부드럽다. 매콤달콤한 김치가 어우러져 느끼하지 않게 한 줄 뚝딱 할 수 있다. 연어롤은 훈제연어가 김밥 위로 듬뿍 올라갔다. 마요네즈와 칠리소스도 뿌려져 있어 누구나 좋아할 김밥이다. 연어를 좋아한다면 꼭 먹어보길 추천한다.

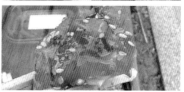

 한줄꿀팁 카카오톡으로 주문 필수(@plagimbapcafe)

고객 리뷰

💬 연어 좋아하시는 분은 꼭 연어롤 드셔보세요. 진짜 입에서 살살 녹습니다.
  가격은 비싸지만 그만한 값을 하는 김밥이에요.

나의 별점

☆☆☆☆☆

맛집 정복 완료!

스티커 or 스탬프

21

까망김밥

"지도에 안 나오는 숨겨진 김밥집"

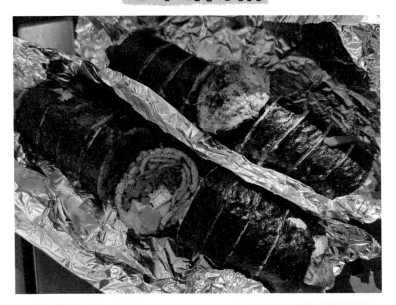

식당 정보

🏠 **주소**	서울 중구 남대문시장4길 21	
	남대문시장 내 진양안경 좌측	
	골목으로 쭉 들어간 다음 왼편 포장마차	

까망김밥(남대문시장)
QR로 보기

📞 **전화번호**	010-4965-9433
🕐 **운영시간**	전화 후 방문 필수
📍 **웨이팅 난이도**	상
📋 **주요 메뉴 및 가격**	참치멸치김밥 4,500원(추천), 오뎅김밥 4,000원
✏️ **김밥 사이즈**	중간
🌀 **속 재료**	김, 밥, 계란, 단무지, 당근, 멸치볶음, 우엉, 참치, 깻잎
💬 **매장/포장/배달/밀키트**	포장 가능
▶️ **방송 출연**	없음

남대문시장 '통통김밥'만큼이나 유명한 김밥집이다. 이곳은 지도에도 나오지 않아 주변 상인과 주민들에게만 알려진 김밥집이다. 점심시간 이후로는 재료 소진으로 김밥이 자주 품절되기 때문에 전화로 확인 후 방문하길 추천한다. 속 재료도 푸짐하고 간이 알맞게 잘되어 누구나 맛있게 먹을 수 있는 김밥이다. 참치멸치김밥은 참치와 멸치를 함께 넣은 김밥으로 참치의 고소함과 멸치의 매콤함이 어우러진 별미 김밥이다.

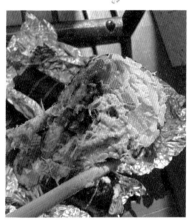

 한줄꿀팁 전화 주문 필수(보통 점심 이후 재료 소진으로 마감)

고객 리뷰

💬 여기 김밥은 전 메뉴에 땡초를 추가할 수 있어요. 참치김밥에 땡초 추가해서 드셔보세요. 맛있어요.

💬 여긴 진짜 저만 알고 싶어요. 스팸김밥도 맛있으니 추천해요.

나의 별점

☆☆☆☆☆

맛집 정복 완료!

스티커 or 스탬프

22

가정식김밥

"카카오지도 별점 5점에 빛나는 숨겨진 김밥집"

식당 정보

가정식김밥
QR로 보기

🏠	주소	서울 동대문구 답십리로63길 102
☎	전화번호	02-2214-2585
🕙	운영시간	07:00-20:00 ※ 06:00-19:30 토요일
		※ 06:00-14:00 일요일 ※ 매주 월요일 휴무
🧍	웨이팅 난이도	하
📋	주요 메뉴 및 가격	원조김밥 3,000원(추천), 참치김밥 4,000원
📏	김밥 사이즈	작음
🍴	속 재료	김, 밥, 계란, 단무지, 당근, 맛살, 오이, 햄
💬	매장/포장/배달/밀키트	포장 가능
▶	방송 출연	없음

생김새는 평범한 김밥 같지만, 앉은자리에서 두 줄을 그냥 '순삭'한 김밥이다. 오랜만에 꿀떡꿀떡 넘어가는 김밥 발견! 오랜 단골도 많은 숨은 김밥 맛집이다. 요즘은 화려한 기교를 부린 김밥집이 많아서 이런 집 김밥 스타일에 맛있는 김밥은 찾기 힘들었는데 밥의 찰기와 김밥의 간이 딱 좋았던 김밥이다. 메뉴는 단 세 가지. 기본김밥, 치즈김밥, 참치김밥. 밥 양이 많은데 간이 딱 맞았고, 밥 자체가 찰기 있고 맛있어서 계속 생각나는 김밥. 이런 김밥 스타일 좋아하면 꼭 가보길 추천한다.

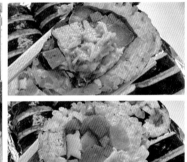

 한줄꿀팁   미리 전화 주문 추천

고객 리뷰

💬 기본에 충실한 김밥집이에요. 자극적이지 않고 집에서 싼 김밥 맛이라 너무 좋아요.

💬 내 나이 42세. 중학교 때부터 다녔는데, 여기 유명해지면 곤란한데요….

나의 별점

☆ ☆ ☆ ☆ ☆

맛집 정복 완료!

스티커 or 스탬프

23

푸른하늘

"말린 감 식초를 넣은 밥으로 만든 참치김밥"

식당 정보

🏠 주소	서울 동대문구 경희대로6길 3-4	
☎ 전화번호	0507-1379-3394	
🕐 운영시간	10:00-19:50 ※ 10:00-16:30 토요일	
	※ 매주 일요일 휴무	
🧍 웨이팅 난이도	하	
📋 주요 메뉴 및 가격	참치김밥 4,500원(추천)	
📏 김밥 사이즈	보통	
🍙 속 재료	김, 흑미밥, 계란, 단무지, 당근, 오이, 참치, 햄	
💬 매장/포장/배달/밀키트	매장 식사 가능, 포장 가능	
▶ 방송 출연	생활의달인 614회(18.03.12 김밥)	

푸른하늘
QR로 보기

말린 감 식초를 넣어 만든 흑미밥은 새콤하면서도 감칠맛이 가득하다. 밥 자체가 새콤달콤한 초밥 밥 느낌. 일반적인 참치김밥은 고소한 맛 또는 느끼한 맛으로 먹을 때도 있는데, 여긴 새콤한 밥 때문인지 고소한 맛이 더 강하고 느끼함이 적다. 지금까지 먹어보지 못한 독특한 참치김밥 맛. 최근 먹어본 참치김밥 중 제일 맛있게 먹었다. 토종순대도 이 집의 시그니처인데, 피순대와 내장이 잡내가 하나도 없고 고소하고 담백했다. 서울에선 순대에 쌈장을 주는 집을 찾기가 어려웠는데(경상도 고향에선 순대를 쌈장에 찍어 먹는다) 여기서는 쌈장과 소금을 함께 먹을 수 있어 좋았다.

 한줄꿀팁   경희대 학생들의 단골 분식집

고객 리뷰

💬 어떤 메뉴를 시켜도 양이 정말 푸짐해요. 먹고 나면 든든해요.

💬 지금까지 먹어본 참치김밥 중에서 여기가 1등입니다. 기본에 충실한 맛이에요.

나의 별점
☆☆☆☆☆

맛집 정복 완료!

스티커 or 스탬프

24

식물원김밥

"입안에서 고소하게 흩어지는 계란찜김밥"

식당 정보

🏠 주소	서울 성동구 하왕십리동 1066-1	
☎ 전화번호	02-2298-2113	
🕐 운영시간	11:00-19:30 ※ 15:00-17:00 브레이크타임	
📍 웨이팅 난이도	중	
📋 주요 메뉴 및 가격	날치알묵참김밥 7,000원(추천), 흑미통계란김밥 6,000원	
✏ 김밥 사이즈	큼	
⊙ 속 재료	김, 흑미밥, 쌀밥, 계란, 날치알, 묵은지, 상추, 참치	
💬 매장/포장/배달/밀키트	매장 식사 가능, 포장 가능, 배달 가능	
▷ 방송 출연	없음	

식물원김밥
QR로 보기

흑미와 백미를 섞은 흑미밥이 아닌, 100% 흑미만 넣은 흑미김밥을 파는 곳이다. 흑미통계란김밥은 새까만 흑미밥을 얇게 깔고 갓 부쳐낸 통계란 말이를 넣는데, 주문 즉시 부쳐내 정말 부드럽고 고소하다. 마치 계란찜을 숟가락으로 듬뿍 떠서 먹는 듯한 부드러움이 느껴진다. 계란의 고소함과 흑미의 고소함이 어우러져 극강의 고소함을 뿜어내는 김밥. 날치알묵참김밥은 흑미밥과 흰쌀밥이 각각 들어가는 게 특이하다. 아삭한 묵은지와 톡톡 터지는 날치알, 고소하고 부드러운 참치마요 삼박자가 좋았던 김밥. 최근 먹어본 묵참김밥 중에 제일 맛있었다.

 한줄꿀팁   김밥 만드는 시간이 오래 걸리는 편. 미리 전화 주문을 하고 가길 추천

고객 리뷰

💬 처음 보는 김밥 비주얼인데 진짜 너무 맛있어요.

💬 지금까지 먹어본 묵은지참치김밥 중에서 여기가 1등입니다….

나의 별점

☆☆☆☆☆

···· 맛집 정복 완료! ····

스티커 or 스탬프

25

영식품

"노릇노릇 구워주는 김밥전"

식당 정보

🏠 주소	서울 성동구 성수이로 126	
☎ 전화번호	02-469-2900	
🕐 운영시간	07:00-22:00	
👤 웨이팅 난이도	하	
📋 주요 메뉴 및 가격	김밥전 4,000원(추천)	
🖊 김밥 사이즈	작음	
◎ 속 재료	김, 밥, 계란, 당근, 맛살, 우엉, 햄	
💬 매장/포장/배달/밀키트	매장 식사 가능, 포장 가능	
▶ 방송 출연	없음	

영식품
QR로 보기

서울에서 갓 부쳐낸 김밥전을 먹을 수 있는 곳. 일반 김밥집은 아니고 김밥을 파는 가맥집이다. 김밥과 김밥전은 메뉴판에도 나와 있지 않지만, 사장님께 말하면 바로 만들어주는 비밀 메뉴 중 하나. 김밥전은 양파와 다진 청양고추를 넣은 계란물을 입혀 구워내는데, 보기에도 예쁘지만 청양고추의 매콤함이 김밥전의 느끼함을 잡아주고 더 풍부한 맛을 내는 역할을 한다. 마음 같아선 이 김밥전에 막걸리 한잔하고 싶었지만 오전 10시에 방문한 터라⋯. (하지만 낮술도 가능한 곳이다.)

 한줄꿀팁   메뉴판에는 없는 비밀 메뉴(메뉴판에 없다고 놀라지 마세요)

고객 리뷰

💬 성수동에서 유명한 가맥집이에요. 김밥전에 막걸리 조합 못 잊어요.
   술이 술술 들어가는 곳.

💬 처음에는 메뉴판에 김밥이 없어서 당황했는데 사장님께 김밥전 해달라고 말하면 알아서 뚝딱 해주세요. 즉석에서 구워서 뜨끈뜨끈하고 정말 맛있어요.

나의 별점

☆☆☆☆☆

┄ 맛집 정복 완료! ┄

스티커 or 스탬프

26
옥정김밥

"할머니가 싸주는 집 김밥"

식당 정보

🏠 주소	서울 성동구 한림말3길 28-9	
☎ 전화번호	02-2297-5646	
🕐 운영시간	06:00-21:00 ※ 재료 소진 시 조기 마감	
📍 웨이팅 난이도	중	
📋 주요 메뉴 및 가격	김밥 3,000원(추천)	
📏 김밥 사이즈	보통	
⊛ 속 재료	김, 밥, 계란, 단무지, 당근, 어묵, 오이, 우엉, 햄	
💬 매장/포장/배달/밀키트	포장 가능	
▶ 방송 출연	없음	

옥정김밥
QR로 보기

엄마가 싸주는 집 김밥 스타일의 김밥집이다. 옥수동 주민들에게는 오래전부터 알려진 김밥집이지만, 최근에 〈전지적 참견 시점〉에서 배우 채정안 맛집으로 공유되며 더 유명해졌다. 기본 김밥 한 가지만 판매하는데, 차진 밥에 속 재료가 알차게 들었다. 씹으면 씹을수록 단맛이 올라오며 간도 조화로워 매일 먹어도 질리지 않는 그런 김밥이다.

 한줄꿀팁 현금만 가능(계좌이체도 불가)

고객 리뷰

20년째 단골이에요. 수많은 김밥을 먹어봤지만, 매일 먹어도 질리지 않는 김밥은 여기 김밥이에요. 할머니 오래오래 장사해주세요.

나의 별점

☆☆☆☆☆

맛집 정복 완료!

스티커 or 스탬프

27

퍼니텅

"모차렐라치즈와 함께 두툼한 계란 이불 덮은 김밥"

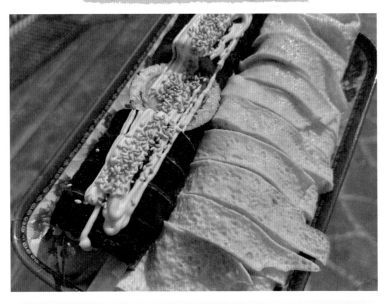

식당 정보

🏠	주소	서울 성동구 성덕정3길 10-1
☎	전화번호	0507-1346-5025
⏱	운영시간	10:00-19:00 ※ 14:30-16:00 브레이크타임
		※ 10:00-15:00 토요일 ※ 매주 일요일 휴무
🧍	웨이팅 난이도	중
📋	주요 메뉴 및 가격	노랑김밥 4,900원(추천)
✏	김밥 사이즈	중간
🥢	속 재료	김, 밥, 계란, 모차렐라치즈, 볶음김치, 스팸
🍱	매장/포장/배달/밀키트	매장 식사 가능, 포장 가능, 배달 가능
▶	방송 출연	생방송오늘저녁 2190회(24.01.31 고기쫑김밥)

퍼니텅
QR로 보기

아기자기한 인테리어가 돋보이는 성수동의 김밥집이다. 부부가 운영하는 곳으로 단골이 많은 가게다. 이곳은 도톰한 계란말이 이불을 덮어주는 노랑김밥으로 유명한데 김밥 속에는 스팸과 볶음김치가 들어간다. 주문하자마자 부치는 계란김밥은 갓 나왔을 때 먹으면 부들거림과 폭신함이 최고다. 모차렐라치즈도 기본으로 들어가 더욱 고소하다.

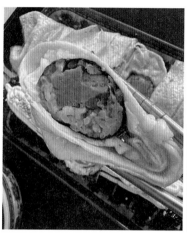

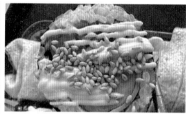

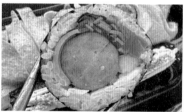

한줄꿀팁 포장 후 서울숲 코스 추천

고객 리뷰

주문하자마자 즉석에서 말아주셔서 뜨끈한 김밥을 먹을 수 있어 좋아요.

여긴 미역국을 서비스로 주는데 미역국이랑 김밥이 정말 잘 어울려요. 한식 한 상 먹는 듯한 기분이에요.

맛집 정복 완료!

나의 별점

☆☆☆☆☆

스티커 or 스탬프

28

줄줄이김밥 본점

"햄을 독특하게 졸인 구의동 로컬 김밥맛집"

식당 정보

🏠 주소	서울 광진구 구의로12길 4	
☎ 전화번호	02-455-4477	
🕐 운영시간	05:00-19:00 ※ 매주 일요일 휴무	
🧍 웨이팅 난이도	중	
📋 주요 메뉴 및 가격	야채김밥 4,400원(추천), 참치김밥 5,500원(추천)	
📏 김밥 사이즈	중간	
🍱 속 재료	김, 밥, 계란, 단무지, 당근, 맛살, 부추, 어묵, 햄	
💬 매장/포장/배달/밀키트	매장 식사 가능, 포장 가능	
▶ 방송 출연	없음	

줄줄이김밥 본점
QR로 보기

구의동에 사는 사람이라면 모르는 사람이 없다는 로컬 김밥 맛집이다. 아차산 등산객들이나 어린이대공원으로 소풍을 떠나는 사람들에게도 사랑받는 곳. 이곳의 특징은 장조림처럼 졸인 햄의 맛에 있다. 짭조름하게 졸인 햄은 식감이 '쫀득'에 가깝고 김밥의 전체적인 맛을 올리는 감칠맛 역할을 톡톡히 한다. 계란도 두툼하게 들어가고 간장에 졸인 어묵까지, 재료 하나하나에 정성이 가득 들어간 김밥이다.

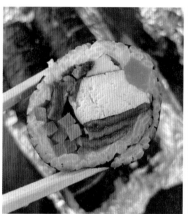

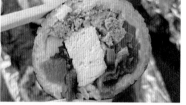

 한줄꿀팁 아차산 등산객들의 필수품

고객 리뷰

💬 20년 단골이에요. 자꾸 생각나는 김밥이에요. 김밥 간이 기가 막힙니다.

💬 여긴 간장에 짭조름하게 졸여낸 어묵과 햄이 포인트예요. 이 집만의 맛이 있어서 자주 찾게 되는 것 같아요.

맛집 정복 완료!

나의 별점

☆ ☆ ☆ ☆ ☆

스티커 or 스탬프

29

성이네천원김밥

"서울에서 만난 1,000원짜리 김밥"

식당 정보

🏠 주소	서울 중랑구 중랑역로 150
☎ 전화번호	02-976-5648
🕐 운영시간	07:00-21:00 ※ 매주 일요일 휴무
🧍 웨이팅 난이도	하
📋 주요 메뉴 및 가격	김밥 1,000원(추천)
✏ 김밥 사이즈	작음
⊙ 속 재료	김, 밥, 계란, 다시마, 단무지, 당근, 맛살, 어묵
📧 매장/포장/배달/밀키트	매장 식사 가능, 포장 가능
▷ 방송 출연	없음

성이네천원김밥
QR로 보기

'김밥 한 줄에 1,000원'이라는 말을 이제는 들어볼 수 없을 줄 알았는 데 1,000원짜리 김밥을 그것도 서울에서 판다는 소식을 접하고 찾아갔 다. 7년 전부터 지금까지 죽 1,000원이라는 가격을 고수하고 있는 곳으로 앞으로도 이 가격을 유지할 거라고 한다. 김밥은 즉석에서 말아준 다. 1,000원이라는 가격도 감사한데, 흑미밥을 쓰는 데다 채 썬 다시마 가 듬뿍 들어간다. 집에서 엄마가 말아주는 김밥 맛으로 오독거리는 다 시마 식감이 매력적이다.

 한줄꿀팁　1,000원 김밥은 매장에서 먹고 가면 1,500원

고객 리뷰

💬 사장님께 여쭤보니, '물가 다 오르는데 안 오르는 거 하나쯤은 있어야 하지 않 겠냐, 그래야 사람 사는 세상 아니겠냐'고 말씀하시더라고요. 김밥 먹으러 갔다 가 많은 걸 느끼고 왔습니다. 사장님 오래오래 건강하게 장사해주세요!

💬 여기 만두도 파는데 매일 사장님이 직접 빚으시는 만두예요. 손맛 가득한 맛있 는 만두입니다.

나의 별점
☆ ☆ ☆ ☆ ☆

맛집 정복 완료!

스티커 or 스탬프

30

모퉁이

"임영웅도 좋아하는 흑미김밥"

식당 정보

🏠	주소	서울 강남구 도산대로68길 15
☎	전화번호	02-511-8978
🕐	운영시간	06:00-21:30
👥	웨이팅 난이도	하
📋	주요 메뉴 및 가격	참치김밥 4,000원(추천)
🖊	김밥 사이즈	중간
🍴	속 재료	김, 흑미밥, 계란, 단무지, 당근, 맛살, 어묵, 참치
💬	매장/포장/배달/밀키트	매장 식사 가능, 포장 가능
▶	방송 출연	전지적참견시점 195회(22.04.16 흑미땡초참치김밥)

모퉁이
QR로 보기

오래전부터 청담동 직장인 맛집으로 유명한 곳이었는데, 〈전지적 참견 시점〉에 연예인 맛집으로 나와 더욱 유명해진 김밥집이다. (최근에는 임영웅님의 최애 김밥 맛집으로도 알려졌다고 한다.) 매장 내부 좌석도 많아 간편하게 한 끼 식사하고 가기 좋다. 흑미밥을 넣어주는 흑미김밥집으로 유명한데 흑미밥이 들어가 백미로 말았을 때보다 고소한 맛이 더욱 도드라지는 게 특징이다. 흑미참치김밥은 흑미와 참치가 만나 고소함이 배가 되었다.

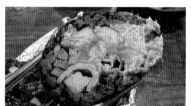

 한줄꿀팁　김밥에 라면이 먹고 싶다면

고객 리뷰

💬 흑미참치김밥에 라면 먹으러 가는 곳입니다. 라면 종류가 진짜 많아요. 취향껏 골라 먹을 수 있어서 좋아요.

💬 짜파게티에 땡초참치김밥 한번 드셔보세요. 제 최애 조합입니다.

나의 별점

☆☆☆☆☆

맛집 정복 완료!

스티커 or 스탬프

31

신영김밥

"36년 된 압구정 노포 김밥집"

식당 정보

🏠 주소	서울 강남구 언주로159길 27	
☎ 전화번호	0507-1329-4810	
🕐 운영시간	06:30-18:00 ※ 06:00~15:00 토요일, 일요일	
📍 웨이팅 난이도	하	
📋 주요 메뉴 및 가격	야채김밥 4,000원(추천), 소고기김밥 6,500원	
📏 김밥 사이즈	중간	
🍲 속 재료	김, 밥, 계란, 단무지, 당근, 시금치, 우엉	
🗨 매장/포장/배달/밀키트	매장 식사 가능, 포장 가능	
▶ 방송 출연	없음	

신영김밥
QR로 보기

1987년부터 압구정에서 자리를 지킨 김밥집이다. 사실 이름은 김밥이지만 반찬도 파는 반찬가게이기도 하다. 이런 오래된 가게를 가게 되면 꼭 기본 김밥을 시키는데, 오랜 역사를 가진 김밥집답게 기본이 탄탄하다. 볶은 당근에서 달콤한 맛이 나고, 전체적으로 은은한 감칠맛 나는 김밥이다. 간도 적당하고, 재료가 어느 하나 튀지 않는다. 깔끔하고 담백한 김밥이다.

 한줄꿀팁 반찬 파는 김밥집

고객 리뷰

💬 압구정에서 여기만 한 곳이 없어요. 집 김밥 느낌의 김밥을 좋아하신다면 꼭 가보세요.

💬 추억의 사라다빵도 맛있어요. 버터 향이 은은하게 나는 빵에 사라다가 듬뿍 들어가서 하나만 먹어도 든든해요.

나의 별점

☆☆☆☆☆

맛집 정복 완료!

스티커 or 스탬프

32

한양김밥

"서울에서 먹는 오독오독한 톳김밥"

식당 정보

🏠 주소	서울 강남구 학동로4길 28	
☎ 전화번호	02-515-7890	
🕐 운영시간	11:00-20:00 ※ 11:00-17:00 토요일 ※ 매주 일요일 휴무	
🧍 웨이팅 난이도	중	
📋 주요 메뉴 및 가격	톳김밥 5,000원(추천)	
📏 김밥 사이즈	작음	
🍚 속 재료	김, 밥, 계란, 단무지, 당근, 맛살, 시금치, 톳, 햄	
💬 매장/포장/배달/밀키트	매장 식사 가능, 포장 가능	
▶ 방송 출연	없음	

한양김밥
QR로 보기

94

강남 영동시장에 있는 톳김밥 전문 김밥집이다. 강남 직장인들의 점심 맛집으로도 유명하다. (그래서 점심시간만 되면 엄청 북적거린다.) 톳은 오독 오독한 식감이 매력적인 해조류로, 주로 남해 쪽에서 톳을 넣은 김밥을 많이 볼 수 있는데 서울에서는 처음이다. 김밥에 들어가는 톳은 매일 아침 사장님이 직접 삶고 무친다고 하는데 짭조름한 감칠맛이 일품이다. 오독거리는 식감까지 더해지니 입안이 풍성해지는 김밥이다.

 한줄꿀팁 매장 식사는 11시부터 가능(김밥 포장은 오전 9시 30분부터 가능)

고객 리뷰

💬 톳김밥에 쫄면 조합 추천해요. 새콤달콤 쫄면에 오독오독 톳김밥까지, 없던
입맛도 돌아오게 합니다.

💬 거제도에서 먹은 톳김밥을 잊지 못해 톳김밥을 찾았는데, 서울에도 있다니.
자주 방문하는 곳이에요.

나의 별점

☆☆☆☆☆

맛집 정복 완료!

스티커 or 스탬프

33

오미마리

"수제 바질 소스가 올라간 바질페스토김밥"

식당 정보

🏠 **주소**　　　　서울 강남구 삼성로81길 22

☎ **전화번호**　　0507-1434-1428

🕐 **운영시간**　　09:30-19:30 ※ 15:00-16:00 브레이크타임

　　　　　　　　※ 09:30-15:00 토요일 ※ 매주 일요일 휴무

🧍 **웨이팅 난이도**　중

📋 **주요 메뉴 및 가격**　바질페스토김밥 8,000원(추천),

　　　　　　　　치즈계란마리김밥 7,000원

✏️ **김밥 사이즈**　중간

🍽 **속 재료**　　　김, 밥, 궁채, 당근, 상추, 수제 바질페스토, 양배추, 오이

💬 **매장/포장/배달/밀키트**　매장 식사 가능, 포장 가능, 배달 가능

▶️ **방송 출연**　　생방송오늘저녁 2125회(23.10.27 불고기김밥)

QR로 보기
오미마리

바질페스토가 김밥이랑 이렇게 잘 어울릴 줄 몰랐다. 김밥 위에 매장에서 직접 만든 바질소스가 올라가는데, 입안 가득 바질 향이 퍼져서 바질 좋아하는 사람들이 특히 좋아할 듯하다. 전체적으로 신선한 재료가 풍성하게 느껴지는 깔끔한 맛의 김밥이다. 치즈계란말이김밥은 계란이 특별했는데, 평범한 김밥집 계란말이가 아니라 계란찜 식감이다. 어디 하나 걸리는 부분 없이 입안에서 부드럽게 녹아내린다. 새콤한 소스도 함께 주는데 자칫 심심할 수 있는 김밥에 감칠맛을 더해준다.

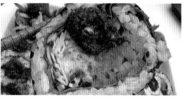

 한줄꿀팁   매장에서 컵라면 구매 후 김밥과 함께 취식 가능(2,000원)

고객 리뷰

💬 아삭한 궁채가 들어가는 김밥이에요. 입안에서 오독거리는 식감이 매력적이더라고요. 궁채뿐만 아니라 신선한 채소를 듬뿍 넣어줘서 먹고 나서도 속이 편한 김밥이에요.

💬 닭강정과 세트 메뉴로도 드셔보세요. 김밥 메뉴에 5,000원만 추가하면 되더라고요. 바삭한 닭강정과 김밥이 정말 잘 어울려요.

나의 별점

☆☆☆☆☆

맛집 정복 완료!

스티커 or 스탬프

34

그집김밥

"매달 메뉴가 달라지는 김밥집"

식당 정보

🏠 주소	서울 강동구 상암로 61	
☎ 전화번호	02-488-2282	
⏲ 운영시간	08:00-18:00 ※ 매주 일요일 휴무	
🚶 웨이팅 난이도	중	
📋 주요 메뉴 및 가격	봄동김밥 5,000원(추천), 그집김밥 3,500원	
📏 김밥 사이즈	중간	
◎ 속 재료	김, 밥, 봄동두부무침	
💬 매장/포장/배달/밀키트	포장 가능	
▶ 방송 출연	없음	

그집김밥
QR로 보기

매달 한정 김밥 메뉴를 내는 재밌는 김밥집이다. 3월에는 봄동을 두부와 함께 무쳐낸 봄동김밥이 새로운 메뉴였는데, 봄기운이 입안 가득 은은하게 퍼지는 건강하고 깔끔한 맛이다. 같이 주는 참깨소스에 찍어 먹으면 봄동나물의 고소함을 더욱 진하게 느낄 수 있다.

 한줄꿀팁　　인스타그램 @zip.gimbap(이달의 김밥 확인 가능)

고객 리뷰

💬 매달 한정 메뉴는 그달에만 먹을 수 있는 메뉴인데다 늦게 가면 품절이라 전화 주문하고 방문하는 걸 추천해요.

💬 겨울에는 톳두부김밥이 나오는데 이것도 별미예요. 얼른 다시 나왔으면 좋겠어요. 그리고 여긴 채소가 얇게 채 썰어져 있어서 좋아요.

맛집 정복 완료!

나의 별점

☆☆☆☆☆　　　　스티커 or 스탬프

35

커피가머무르는곳

"일주일 내내 먹어도 안 질릴 것 같은 엄마 김밥 스타일의 정석"

식당 정보

커피가머무르는곳
QR로 보기

🏠 주소	서울 서초구 사평대로 335	
☎ 전화번호	없음	
🕐 운영시간	07:00-02:00 ※ 매주 수요일 휴무	
🧍 웨이팅 난이도	중	
📋 주요 메뉴 및 가격	형님김밥 4,000원(추천)	
📏 김밥 사이즈	중간	
🎱 속 재료	김, 밥, 계란, 단무지, 맛살, 오이, 우엉, 햄	
📧 매장/포장/배달/밀키트	포장 가능, 배달 가능	
▶ 방송 출연	없음	

블로그 리뷰가 단 세 개인 집. 아는 사람 혹은 동네 사람들만 먹는다는 강남의 숨겨진 김밥집이다. 주문하자마자 말아낸 김밥은 뜨끈뜨끈한데, 포장을 열면 고소한 참기름 냄새가 향긋하게 퍼진다. 엄마가 갓 지은 밥으로 말아주는 김밥 느낌이다. 형님김밥은 기본 김밥으로 재료도 간단하다. 계란, 단무지, 맛살, 오이, 우엉, 햄으로 재료는 단순하지만 감칠맛 가득한 김밥이다. 이런 김밥 좋아하는 분은 꼭 드셔보시길 바란다. 스팸김밥은 구운 스팸과 계란 딱 두 가지만 들어간다. 진짜 스팸이 들어가 더 맛있다.

 한줄꿀팁 인플루언서 촘미맛집(@__chommy)으로 유명함

고객 리뷰

💬 여기 김밥을 먹으면 엄마가 생각나요. 따끈한 밥 넣고 즉석에서 말아주는 그런 맛이에요.

💬 근처에 있었으면 단골각이에요. 거리가 멀어서 가끔 가지만 정말 매일 생각나는 맛이에요.

맛집 정복 완료!

나의 별점

☆ ☆ ☆ ☆ ☆

스티커 or 스탬프

36

신성김밥

"참치김밥의 정석"

식당 정보

🏠	주소	서울 송파구 백제고분로22길 28
☎	전화번호	02-420-9563
🕐	운영시간	09:00-19:30 ※ 매주 일요일 휴무
📍	웨이팅 난이도	하
📋	주요 메뉴 및 가격	참치김밥 4,500원(추천), 유부깻잎김밥 4,000원
✏	김밥 사이즈	보통
🍱	속 재료	김, 밥, 계란, 단무지, 당근, 어묵, 오이, 우엉, 장아찌, 참치, 깻잎
📧	매장/포장/배달/밀키트	매장 식사 가능, 포장 가능
▶	방송 출연	없음

신성김밥
QR로 보기

잠실 주민들의 오랜 김밥 맛집으로 꼽히는 곳이다. 사실 생김새는 평범하지만 재료의 조화와 간이 좋았던 김밥이다. 특히 사장님이 직접 담가 쓰는 장아찌가 특별했다. 무와 오이, 우엉, 연근 등을 넣고 새콤달콤하게 절여서 사용한다고 하는데 김밥에 들어가니 단무지와는 다른 상큼함과 아삭함이 느껴져서 좋다. 정말 누구나 호불호 없이 맛있게 먹을 김밥집! 참치김밥의 정석이 있다면 여기가 아닐까 싶다. 참치와 깻잎, 장아찌의 조화가 굿!

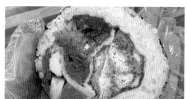

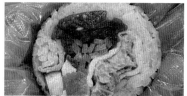

 한줄꿀팁 김밥 포장 후 석촌호수 코스 추천

고객 리뷰

🗨 김밥도 너무 맛있지만 사장님이 정말 친절하세요.
　가성비 좋고 맛도 좋은 동네 주민 맛집이니 꼭 가보세요.

나의 별점

☆☆☆☆☆

···· 맛집 정복 완료! ····

스티커 or 스탬프

37

케이트분식당

"지짐떡볶이와 함께 먹는 땡초김밥"

식당 정보

🏠	주소	서울 송파구 올림픽로35길 112, 2동 지하 1층 13호
☎	전화번호	0507-1349-4188
🕐	운영시간	09:00-16:30 ※ 07:00-14:00 토요일 ※ 매주 일요일 휴무
🧍	웨이팅 난이도	중
📋	주요 메뉴 및 가격	소고기땡초김밥 6,300원(추천), 지짐떡볶이 7,900원
🖋	김밥 사이즈	중간
⊚	속 재료	김, 밥, 고추장아찌, 계란, 단무지, 당근, 소고기, 오이, 우엉
💬	매장/포장/배달/밀키트	매장 식사 가능, 포장 가능, 배달 가능
▶	방송 출연	생활의달인 744회(20.05.26 지짐떡볶이/땡초소고기김밥)

케이트분식당
QR로 보기

지짐떡볶이와 소고기땡초김밥으로 〈생활의 달인〉에도 출연한 곳이다. 무엇보다 이런 떡볶이는 처음이다. 통인시장 기름떡볶이와는 또 다른데, 여긴 프라이팬에 지져낸 떡볶이다. 매콤달콤한 떡볶이소스를 넣고 떡과 어묵, 양배추를 넣고 지지듯이 볶는다. 이곳에서만 먹어볼 수 있는 지짐떡볶이는 필수로 주문하길 추천한다. 계란이 푸짐하게 들어가는 계란김밥은 부드럽고 고소하다. 담백한 맛으로 지짐떡볶이와 잘 어울린다. 소고기땡초김밥은 고추장아찌가 들어가는데 얼큰하게 맵다. 소고기와 유부에서 나오는 감칠맛 덕분에 누구나 좋아할 김밥이다. 이곳은 인공 조미료를 거의 사용하지 않으며 소스도 직접 만들어 사용해 더욱 믿고 먹을 수 있다.

한줄꿀팁   포장 후 석촌호수 코스 추천

고객 리뷰

💬 김밥 사서 소풍 가실 예정이라면 '피크닉 도시락' 추천드려요. 김밥이랑 샌드위치, 유부초밥, 과일 구성으로 아주 든든해요.

💬 여기 떡볶이는 특별해요. 국물 없는 떡볶이인데 지금까지 먹어본 떡볶이와는 다른 맛이에요. 감칠맛이 좋아요.

맛집 정복 완료!

나의 별점

☆☆☆☆☆

스티커 or 스탬프

인천
경기도

경기도

평택 기운네김밥 ·118
평택 대중김밥 ·120
평택 한꼬마김밥 ·122
안양 비아김밥 ·124
안양 온유김밥 ·126
안양 즉석감고을김밥 ·128
안양 최영미자매기임밥 ·130
군포 부자영김밥 ·132
오산 쑥쑥김밥 ·134
시흥 이모분식 ·136
화성 이영복김밥 ·138
안산 천서방김밥 한대앞본점 ·140
김포 쿠쿠르뺑뽕김밥 ·142
하남 하늘사다리 ·144
부천 해주김밥이랑국수 ·146
부천 홍진김밥 ·148

인천

무지개김밥 ·108
사랑이네김밥 ·110
순애네김밥 ·112
초가메밀우동 ·114
홍성래특허김밥 ·116

38
무지개김밥

"영종도에 가면 꼭 포장해오는 김밥"

식당 정보

🏠 주소	인천 중구 오작로 6-2	
☎ 전화번호	032-752-0345	
🕐 운영시간	10:00-19:00 ※ 매주 일요일, 월요일 휴무	
📍 웨이팅 난이도	중	
📋 주요 메뉴 및 가격	매운어묵김밥 4,500원(추천), 무지개김밥 4,000원	
📏 김밥 사이즈	중간	
🎯 속 재료	김, 밥, 계란, 단무지, 당근, 매운어묵볶음, 오이, 우엉, 햄	
💬 매장/포장/배달/밀키트	포장 가능, 배달 가능	
▶ 방송 출연	없음	

무지개김밥
QR로 보기

영종도에서 '김밥집' 하면 가장 먼저 이곳이 언급될 정도로 입소문이 난 김밥집이다. 재료 소진으로 일찍 마감하는 경우가 많으므로 방문하기 전 꼭 전화해보고 가길 추천한다. 이곳의 특징은 꽁다리 끝까지 삐져나온 계란부침이다. 도톰하게 부친 계란부침이 담백하고 고소한 맛을 낸다. 속 재료도 아낌없이 들어가고 전체적으로 깔끔하고 담백하다.

 한줄꿀팁   1시간 전 전화 주문 필수

고객 리뷰

💬 재료 소진으로 문을 일찍 닫는 때가 많으니, 가기 전에 꼭 전화하고 방문하세요. 깔끔하고 담백한 집 김밥 맛이에요.

💬 영종도에서 '김밥' 하면 무지개김밥이죠!

나의 별점

☆☆☆☆☆

맛집 정복 완료!

스티커 or 스탬프

39

사랑이네김밥

"인천 사람들에게 사랑받는 키토김밥 맛집"

식당 정보

사랑이네김밥
QR로 보기

🏠 주소	인천 남동구 성말로 47
☎ 전화번호	070-8623-3797
🕐 운영시간	09:30-19:00 ※ 09:30-17:00 토요일 ※ 매주 일요일 휴무
👥 웨이팅 난이도	중
📋 주요 메뉴 및 가격	허리케인에그롤떡갈비김밥 7,000원(추천), 매운오뎅키토김밥 5,700원
✏ 김밥 사이즈	큼
🍚 속 재료	김, 계란지단, 단무지, 맛살, 사과, 상추, 양배추, 파프리카, 피망, 떡갈비
💬 매장/포장/배달/밀키트	매장 식사 가능, 포장 가능, 배달 가능
▶ 방송 출연	없음

인천에서 키토김밥으로 유명한 곳이다.(밥이 든 키토김밥, 일반 김밥도 있다.) 키토김밥은 매일 직접 부쳐낸 계란지단을 채 썰어 밥 대신 듬뿍 넣어준다. 크기가 엄청나서 몇 개 집어 먹지 않았는데도 포만감이 제법 느껴진다. 허리케인에그롤떡갈비김밥은 양배추와 양상추가 듬뿍 들어가며 피망과 파프리카, 채 썬 사과, 떡갈비가 들어간다. 간이 세지 않고 전체적으로 슴슴한 편이라 함께 주는 양파크림소스에 듬뿍 찍어 먹게 된다. 채소가 푸짐하게 들어가 건강하고 깔끔한 맛의 김밥이다.

 한줄꿀팁　　미리 전화로 주문하고 가길 추천

고객 리뷰

💬 인천에서 유명한 키토김밥 맛집이에요. 일반 김밥도 있지만 키토김밥 종류가 많아서 자주 찾아요.

💬 여기서 쫄면도 같이 드세요. 쫄면이 다른 곳이랑 비교 불가예요. 건강하고 깔끔한 맛이에요.

나의 별점

☆☆☆☆☆

····· 맛집 정복 완료! ·····

스티커 or 스탬프

40

순애네김밥

"맛있게 매운 김밥의 정석"

식당 정보

🏠 주소	인천 부평구 동수천로 112	
☎ 전화번호	032-527-5949	
🕐 운영시간	06:30-20:00 ※ 06:30-18:00 토요일, 일요일	
	※ 매주 월요일 휴무	
🧍 웨이팅 난이도	중	
📋 주요 메뉴 및 가격	소고기땡초김밥 4,500원(추천), 참치땡초김밥 4,500원	
✏ 김밥 사이즈	큰	
⊚ 속 재료	김, 밥, 계란, 단무지, 당근, 마요네즈, 맛살, 매운 어묵,	
	소고기, 시금치, 어묵, 우엉	
💬 매장/포장/배달/밀키트	매장 식사 가능, 포장 가능	
▶ 방송 출연	없음	

순애네김밥
QR로 보기

김밥을 맛있게 말아주시는 순애 씨를 만나고 왔다. 인천 부개역 근처에 있는 순애네김밥이다. 순애 씨가 직접 졸인 우엉이 가득 들어가는 우엉김밥과 함께 땡초김밥 시리즈가 유명하다. 이곳의 땡초김밥은 실제 청양고추가 들어가는 게 아니라 땡초 양념으로 맵게 무친 어묵볶음이 매운맛을 내는 김밥이다. 그래서 감칠맛 나게 맵다. 맛있게 맵다는 말이 딱 이 김밥보고 하는 말 같다. 속 재료도 푸짐하고 순애 씨가 직접 졸인 우엉도 달콤 짭조름하니 인천 분들은 한번 들러보길 추천한다.

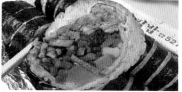

 한줄꿀팁   여긴 김밥 꽁다리가 환상적!

고객 리뷰

🗨 자주 찾는 김밥집이에요.
가격도 저렴하고 재료도 푸짐하게 넣어줘서 좋아요.

나의 별점

☆ ☆ ☆ ☆ ☆

···· 맛집 정복 완료! ····

스티커 or 스탬프

41

초가메밀우동

"42년 된 계란말이김밥"

식당 정보

초가메밀우동
QR로 보기

🏠 주소	인천 미추홀구 장고개로16번길 4
☎ 전화번호	032-872-7328
🕐 운영시간	10:00-21:00 ※ 매주 일요일 휴무
👥 웨이팅 난이도	하
📋 주요 메뉴 및 가격	계란말이김밥 4,000원(추천)
📏 김밥 사이즈	중간
🎰 속 재료	김, 밥, 계란, 단무지, 맛살, 시금치, 햄
📧 매장/포장/배달/밀키트	매장 식사 가능, 포장 가능
▶ 방송 출연	없음

무려 42년간 계란말이김밥을 판 곳으로 인천 계란말이김밥의 역사가 처음 시작된 곳이라고 불리는 곳이다. 이곳의 철칙은 주문이 들어오면 계란물을 즉석에서 입혀 김밥을 마는 것이다. 절대 미리 만들어 놓지 않아서 뜨끈한 계란말이김밥의 진가를 느낄 수 있는 곳이다. 속 재료는 특별할 게 없지만 입안에서 부드럽게 녹아드는 계란의 식감과 고소함이 매력적인 곳이다. 즉석에서 뽑는 메밀면으로 만든 메밀우동도 유명하니 함께 먹어보길 추천한다.

 한줄꿀팁 인천 계란말이김밥 4대장(초가메밀우동, 청해김밥, 까치네떡볶이, 오목골즉석메밀우동) 중 하나

고객 리뷰

💬 매장 셀프바에서 김치와 열무김치를 가져가 먹을 수 있는데, 김치 맛집이에요. 김밥에 하나씩 올려 먹어도 정말 맛있어요.

💬 겨울에는 뜨끈한 메밀우동 먹으러, 여름에는 새콤한 메밀비빔 먹으러 가요. 직접 뽑는 메밀면이 탱글탱글 맛있어요.

나의 별점

☆☆☆☆☆

맛집 정복 완료!

스티커 or 스탬프

42

홍성래특허김밥

"담백한 꽁치 한 마리를 통으로 넣어주는 꽁치김밥"

식당 정보

홍성래특허김밥
QR로 보기

🏠 주소	인천 강화군 길상면 삼랑성길 34	
☎ 전화번호	0507-1433-1599	
🕐 운영시간	10:30-20:00 ※ 15:55-16:00 브레이크타임	
	※ 10:30-19:00 토요일, 일요일	
웨이팅 난이도	하	
주요 메뉴 및 가격	특허김밥(꽁치김밥) 4,900원(추천),	
	특허진미참치김밥(꽁치진미참치김밥) 5,900원	
김밥 사이즈	중간	
속 재료	김, 밥, 무장아찌, 상추, 꽁치	
매장/포장/배달/밀키트	매장 식사 가능, 포장 가능	
방송 출연	없음	

꽁치김밥으로 특허까지 받은 김밥집이다. 원래는 횟집을 운영하다 꽁치김밥 반응이 좋아 본격적으로 김밥집을 운영하게 되었다고 한다. 뼈를 제거한 꽁치 한 마리를 오븐에 1차로 구워낸 뒤, 남은 잔가시 제거를 위해 직화로 가볍게 구워준다. 은은한 불맛은 덤! 특허김밥은 구운 꽁치 한 마리에 상추, 직접 담근 무장아찌가 들어간다. 담백하고 고소한 꽁치와 새콤한 장아찌가 잘 어울려 비린 맛 없이 맛있게 먹었다. 와사비 간장 소스도 함께 주니 찍어 먹어도 좋다. 특허진미참치김밥은 기본 특허김밥에 양념된 진미채와 참치가 들어가는데 매콤하면서도 풍부한 맛이 난다. 특히 이 집의 진미채가 특별했는데, 실처럼 가느다란 진미채라 질기지 않고 부드러워 좋았다.

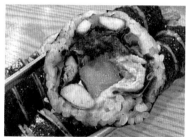

 한줄꿀팁 완도산 고급 김 사용

고객 리뷰

제주에서 꽁치김밥을 먹어본 적이 있는데 인천에서도 먹을 수 있어 좋아요. 이 집 꽁치김밥은 씹을수록 고소한 맛이 일품이에요.

나의 별점

☆☆☆☆☆

맛집 정복 완료!

스티커 or 스탬프

43

기운네김밥

"고소한 참기름 향이 매력적인 꼬마김밥"

식당 정보

🏠 주소	경기 평택시 통복시장로13번길 19-1
☎ 전화번호	031-655-1644
🕐 운영시간	04:00-20:00 ※ 02::00-20:00 토요일, 일요일
	※ 매주 월요일 휴무
🧍 웨이팅 난이도	중
📋 주요 메뉴 및 가격	꼬마김밥(10줄) 7,000원(추천)
📏 김밥 사이즈	작음
🍙 속 재료	김, 밥, 계란, 단무지, 당근, 시금치
🗨 매장/포장/배달/밀키트	포장 가능
▶ 방송 출연	없음

기운네김밥
QR로 보기

평택 사람들에게는 아주 유명한 김밥집이다. 평택 통복시장 메인 거리 뒤편에 있는 곳으로 평일에도 줄 서서 사 가는 곳. 계란, 단무지, 당근, 시금치가 들어가는 아주 심플한 김밥인데, 참기름 향이 진하게 올라오는 게 특징이다. 랩으로 둘러도 뚫고 나오는 고소한 냄새 덕분에 못 참고 길거리에서 까서 먹었을 정도. 전체적으로 달콤하면서 짭조름해 누구나 맛있게 먹을 김밥이다. 이곳은 꼬마김밥 전문점이지만 왕김밥도 있다.

 한줄꿀팁　주말에는 새벽 2시부터 영업

고객 리뷰

💬 여기는 맛이 한결같아서 좋아요. 통복시장에 가면 꼭 들르는 집이에요.

💬 가게 상호부터 아주 힘이 솟아오르는 김밥집이에요. 꼬마김밥 좋아하시면 가보세요. 어느새 비어버린 접시를 보게 될 거예요.

나의 별점

☆☆☆☆☆

┈┈ 맛집 정복 완료! ┈┈

스티커 or 스탬프

44

대중김밥

"〈생활의 달인〉에서 대상을 받은 코다리김밥"

식당 정보

대중김밥
QR로 보기

🏠 주소	경기 평택시 평택2로 102
☎ 전화번호	031-654-2003
🕐 운영시간	06:00-20:00
📍 웨이팅 난이도	하
📋 주요 메뉴 및 가격	코다리김밥 5,000원(추천), 시래기김밥 4,000원
✏ 김밥 사이즈	큼
◎ 속 재료	김, 밥, 코다리조림, 콩고기, 콩나물, 깻잎(혹은 쑥갓)
🗨 매장/포장/배달/밀키트	포장 가능
▶ 방송 출연	생활의달인 604회(17.12.18 김밥),
	생활의달인 593회(17.10.03 김밥),
	생활의달인 590회(17.09.11 시래기김밥)

사장님이 혼자 운영하는 작은 가게로 〈생활의 달인〉에 세 번이나 나온 아주 유명한 김밥집이다. 이곳의 시그니처 메뉴는 시래기김밥과 코다리김밥. 코다리김밥은 밥 위에 콩고기(소고기라고 많이 알고 계시는데 소고기가 아닌 콩고기라고 한다) 토핑을 깔고 깻잎과 콩나물, 양념한 코다리를 듬뿍 넣어준다. 속 재료를 정말 푸짐하게 넣어줘 김밥이 정말 크다. 아삭한 콩나물과 향긋한 깻잎, 쫄깃하면서도 매콤달콤한 코다리가 조화롭다. 시래기고추김밥은 부드러운 시래기와 고추장아찌가 들어가는데, 구수하고 담백한 시래기와 매콤하면서 톡 쏘는 고추장아찌가 잘 어울렸다. 평소 싱겁게 드시는 분들은 짜게 느낄 수도 있을 듯.

 한줄꿀팁   사장님 혼자서 운영하는 곳이라 주문 후 대기시간이 있음

고객 리뷰

🗩 시래기를 좋아하면 꼭 가보세요. 시래기 듬뿍 들어가는 김밥이라 건강해지는 맛이에요. 매콤한 거 좋아하시면 시래기고추김밥도 추천합니다.

🗩 평택에서 꼭 가봐야 할 김밥 맛집 중 하나예요. 매콤&달달한 코다리김밥은 여기서만 맛볼 수 있는 별미 중 별미예요.

나의 별점

☆☆☆☆☆

맛집 정복 완료!

스티커 or 스탬프

45

한꼬마김밥

"김밥을 시키면 땡초무침을 주는 김밥집"

식당 정보

한꼬마김밥
QR로 보기

🏠	주소	경기 평택시 중앙1로 59-1
☎	전화번호	010-3303-8477
🕐	운영시간	11:00-20:00 ※ 11:00-15:00 일요일
🧍	웨이팅 난이도	중
📋	주요 메뉴 및 가격	참치땡초김밥 5,500원(추천), 스팸마요김밥 5,500원
✏	김밥 사이즈	큼
🍥	속 재료	김, 밥, 단무지, 당근, 맛살, 오이, 참치, 햄, 깻잎, 땡초무침
💬	매장/포장/배달/밀키트	매장 식사 가능, 포장 가능
▶	방송 출연	없음

14년간 김밥에 인생을 바친 사장님이 운영하는 작은 가게다. 10년 이상 단골이 많은 곳. 이곳은 땡초(청양고추)양념을 수북이 올려주는 참치땡초 김밥으로 유명한데, 생각보다 맵지 않았고 적당히 매콤달콤하면서 개운한 매운맛이었다. 무엇보다 재료를 아끼지 않고 푸짐하게 넣어 거의 터지기 직전의 김밥이라 한 줄만 먹어도 든든하게 한 끼 해결할 수 있다.

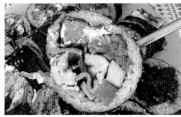

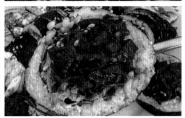

 한줄꿀팁   땡초무침 못 잊어…

고객 리뷰

💬 이렇게 푸짐한 김밥은 처음 봐요. 땡초김밥은 매운데 계속 찾게 되는 매력이 있어요.

💬 사장님이 친절해요. 김밥도 맛있고 동네 친근한 언니 느낌이라 자주 찾아요.

맛집 정복 완료!

나의 별점
☆☆☆☆☆

스티커 or 스탬프

46

비아김밥

"안양의 매일 줄 서는 김밥집"

식당 정보

🏠	주소	경기 안양시 만안구 장내로119번길 12
☎	전화번호	031-442-4637
🕐	운영시간	11:00-18:30 ※ 14:00-15:00 브레이크타임
		※ 매달 첫째 월요일, 화요일 휴무
👫	웨이팅 난이도	상
📋	주요 메뉴 및 가격	고추장진미김밥 3,500원(추천),
		멸땡(멸치청양고추)김밥 3,500원
✏	김밥 사이즈	큼
🍥	속 재료	김, 밥, 계란, 단무지, 당근, 맛살, 어묵, 우엉, 진미채, 깻잎
💬	매장/포장/배달/밀키트	포장 가능
▶	방송 출연	없음

비아김밥
QR로 보기

124

안양 중앙시장에 있는 김밥집으로 평일에 방문했는데도 20분 이상 기다려서 구매했다. 주문받는 것부터 만들고 포장하는 것까지 사장님 혼자서 하셔서 더 오래 걸리는 듯하다. 고추장진미김밥은 아삭한 우엉과 당근이 가득하고, 매콤한 고추장에 양념한 진미채가 들어 있다. 땡초가 들어가는 멸땡김밥이 더 매울 거라 생각했는데, 오히려 고추장진미김밥이 훨씬 매웠다. 진미채는 질기지 않고 부드러워서 좋았다.

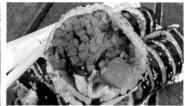

 한줄꿀팁 비아김밥 동편점(경기 안양시 동안구 동편로20번길 43)

고객 리뷰

💬 여기 치즈김밥 꼭 드셔보세요. 항상 따뜻한 밥으로 김밥을 싸주시는데 김밥 한 줄에 치즈 두 장을 넣어주셔서 치즈가 살짝 녹았을 때 나오는 고소함이 미쳤어요.

💬 비아김밥 동편점에는 키토김밥도 판매해요.

나의 별점

☆☆☆☆☆

맛집 정복 완료!

스티커 or 스탬프

47

온유김밥

"고사리가 듬뿍 들어가는 김밥"

식당 정보

온유김밥
QR로 보기

🏠 주소	경기 안양시 만안구 안양로 355
☎ 전화번호	010-4595-5147
🕐 운영시간	09:00-18:00 ※ 08:30-15:00 토요일, 일요일
	※ 매달 둘째, 넷째 목요일 휴무
🧍 웨이팅 난이도	중
📋 주요 메뉴 및 가격	고사리김밥 4,500원(추천), 불백김밥 4,500원
🔗 김밥 사이즈	큼
🍳 속 재료	김, 밥, 고사리, 계란, 단무지, 당근, 어묵, 우엉, 햄
💬 매장/포장/배달/밀키트	매장 식사 가능, 포장 가능
▶ 방송 출연	생방송오늘저녁 2140회(23.11.17 고사리김밥),
	맛있는녀석들 455회(23.11.17 튀김어묵김밥),
	생활의달인 803회(21.06.21 김밥)

세 번째 시도 만에 성공한 김밥집. 재료가 소진되면 영업시간보다 일찍 문을 닫기 때문에 꼭 전화를 하고 가야 하는 곳이다. 고사리김밥은 처음 먹어봤는데 꼬독꼬독한 고사리 식감이 너무 좋다. 고사리는 짭조름하게 간이 되어 있는 반면, 우엉은 달큼하게 조려서 단짠의 케미를 느낄 수 있었다. 불백김밥은 매운맛과 안 매운맛이 있는데, 고사리김밥이 맵지 않아 일부러 매운 메뉴로 시켰다. 맵기는 엽떡 매운맛 정도로, 꽤 매워서 놀랐다. 다행히 맵기는 조절할 수 있다고 한다. 불 향 나는 고기랑 매콤한 어묵의 조화가 좋았던 김밥이다.

한줄꿀팁 고사리김밥과 불백김밥(매운맛) 조합 추천

고객 리뷰

💬 불백김밥은 매운맛과 안 매운맛을 선택할 수 있어 좋아요. 진짜 불백 한 상을 먹은 기분이 들어요.

💬 왜 고사리에서 고기 맛이 나죠?

나의 별점

☆ ☆ ☆ ☆ ☆

············ 맛집 정복 완료! ············

스티커 or 스탬프

48

즉석감고을김밥

"25년 된 안양 노포 김밥집"

식당 정보

즉석감고을김밥
QR로 보기

🏠	주소	경기 안양시 동안구 평촌대로 223번길 55
☎	전화번호	031-388-8985
🕐	운영시간	06:00-22:00
🧍	웨이팅 난이도	하
📋	주요 메뉴 및 가격	감고을김밥 3,000원(추천)
✏	김밥 사이즈	중간
◎	속 재료	김, 밥, 계란, 단무지, 당근, 소고기, 오이, 우엉, 햄
📧	매장/포장/배달/밀키트	매장 식사 가능, 포장 가능
▶	방송 출연	생활의달인 913회(23.11.27 소고기김밥)

무려 25년 역사를 자랑하는 안양의 노포 김밥집이다. 1층과 2층으로 나뉘어 있는데 벽면에는 오랜 단골들의 낙서가 빼곡하다. 이 집의 시그니처인 감고을김밥은 평범한 야채김밥일 거라 생각했는데, 소고기볶음이 듬뿍 들어가는 김밥이다. 이게 3,000원이라니. 여기 들어가는 소고기는 매일 아침 할아버지가 직접 볶아 준비하는데, 단짠 양념으로 간을 해서 정말 맛있다. 재료가 조금 건조한 편이라 국물은 필수!

 한줄꿀팁 촉촉한 김밥을 원한다면 참치김밥 추천(감고을김밥은 건조한 편)

고객 리뷰

💬 여긴 다모아김밥(누드김밥)이 찐이에요.

💬 김밥만 시켜도 기본으로 어묵 국물이 나오는데 이걸로 저는 해장합니다.
늦게까지 하셔서 술 마시고 집에 들어가기 전에 꼭 들르는 코스예요.

나의 별점

☆☆☆☆☆

맛집 정복 완료!

스티커 or 스탬프

49

최영미자매기임밥

"엄마가 싸주는 오징어김밥"

식당 정보

QR로 보기
최영미자매기임밥

🏠 주소		경기 안양시 동안구 경수대로 610번길 66
☎ 전화번호		0507-1446-4660
🕐 운영시간		06:00-19:00 ※ 06:00-15:00 토요일 ※ 매주 일요일 휴무
🧍 웨이팅 난이도		하
📋 주요 메뉴 및 가격		오징어김밥 4,800원(추천), 오므라이스김밥 4,000원
📏 김밥 사이즈		중간
🍙 속 재료		김, 밥, 계란, 단무지, 당근, 맛살, 오이, 오징어무침, 우엉
💬 매장/포장/배달/밀키트		매장 식사 가능, 포장 가능, 배달 가능
▶ 방송 출연		없음

안양 신기중학교 앞에 자리한 김밥집이다. 가정김밥과 오징어김밥이 유명한 곳으로 기본 김밥인 가정김밥은 정말 집에서 싸주는 엄마표 김밥 맛과 비슷하다. 오징어김밥과 오므라이스김밥을 주문했는데, 이 두 조합을 추천한다. 오징어김밥은 오징어를 매콤하게 양념해 넣었는데 쫄깃한 식감과 함께 양념의 감칠맛이 매우 좋다. 오므라이스김밥은 오므라이스처럼 얇은 계란지단과 마요네즈, 사장님이 직접 만든 케첩이 들어간다. 오므라이스 한 입 떠 먹는 맛이라 신기했던 김밥이었다. 부드럽고 고소해서 매콤한 오징어김밥과 번갈아 먹어주면 최고!

 한줄꿀팁   김밥 메뉴만 30가지

고객 리뷰

💬 엄마가 싸주는 집 김밥 맛이에요. 가격도 괜찮은데 맛까지 있으니 안 갈 수 없죠!
💬 오징어김밥 좋아하시는 분들은 꼭 드셔보세요. 진미채가 들어가는 게 아니라 진짜 오징어가 들어가요.(대왕오징어 아님.)

나의 별점

☆☆☆☆☆

맛집 정복 완료!

스티커 or 스탬프

50

부자영김밥

"고기가 듬뿍 들어간 쌈김밥 전문점"

식당 정보

부자영김밥
QR로 보기

🏠 주소		경기 군포시 산본로 208
☎ 전화번호		0507-1467-9093
⏱ 운영시간		11:00-20:00 ※ 매주 일요일 휴무
👥 웨이팅 난이도		하
📋 주요 메뉴 및 가격		삼겹살김밥 6,500원(추천), 오돌뼈김밥 6,500원
✏ 김밥 사이즈		큼
◎ 속 재료		김, 밥, 고추, 단무지, 당근, 미나리, 삼겹살, 깻잎
💬 매장/포장/배달/밀키트		매장 식사 가능, 포장 가능, 배달 가능
▶ 방송 출연		맛있는녀석들 455회(23.11.17 삼겹살김밥)

쌈김밥을 전문으로 하는 곳은 처음이라 방문했다. 삼겹살이나 불고기 정도만 있을 줄 알았는데, 생각보다 고기 종류가 다양했다. 삼겹살, 차돌불고기, 오돌뼈, 훈제오리, 족발 등 평소 쌈으로 잘 싸 먹는 고기가 김밥에 들어간다. 모든 김밥에는 미나리가 들어가는데 향긋한 미나리 향이 더해진 쌈을 먹는 느낌이다. 고추도 함께 들어가는데 매운 고추와 아삭이 고추 중 선택할 수 있다. 개인적으로는 오돌뼈김밥이 제일 맛있었는데 오돌뼈의 뼈가 세지 않고 씹는 맛이 좋았다. 고기를 먹지 않는 사람들을 위해 비건김밥(톳유부김밥)도 준비되어 있으니 참고!

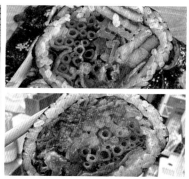

 한줄꿀팁   김밥에 들어가는 고추는 매운 고추와 안 매운 고추 중 선택 가능

고객 리뷰

💬 고기 좋아하면 꼭 가보세요. 고기뿐만 아니라 미나리도 듬뿍 들어서 한 줄 먹으면 속이 든든해요.

나의 별점

☆☆☆☆☆

맛집 정복 완료!

스티커 or 스탬프

51

쑥쑥김밥

"직접 담근 매실액으로 졸인 유부김밥"

식당 정보

🏠 주소	경기 오산시 원동로37번길 13	
☎ 전화번호	0507-1495-9066	
🕐 운영시간	10:00-19:00 ※ 15:00-16:00 브레이크 타임	
	※ 매주 월요일 휴무	
👥 웨이팅 난이도	하	
📋 주요 메뉴 및 가격	쑥쑥유부김밥 5,000원(추천)	
✏ 김밥 사이즈	보통	
⚙ 속 재료	김, 밥, 계란, 단무지, 당근, 맛살, 시금치, 우엉, 유부, 햄	
📨 매장/포장/배달/밀키트	매장 식사 가능, 포장 가능	
▶ 방송 출연	없음	

쑥쑥김밥
QR로 보기

오산에서 이 유부김밥 모르면 큰 오산? 오산 밥풀이(구독자 애칭)들의 추천으로 방문한 곳이다. 여기 유부김밥은 사장님이 직접 담근 매실액으로 졸여낸 유부가 듬뿍 들어간다. 정말 '듬뿍' 들어가 김밥 속의 절반이 유부다. 폭신폭신하고 달콤짭조름한 유부의 매력이 잘 드러나는 곳이다. 재료를 아낌없이 넣으며, 엄마가 싸주는 집 김밥이 생각나는 맛이다.

 한줄꿀팁   여름에만 부추 사용(그 외 계절은 시금치)

고객 리뷰

💬 제 기준으로 오산에서 제일 맛있는 김밥집이에요. 엄마 손맛이 가득 담긴 김밥이에요. 재료를 정말 푸짐하게 넣어주세요.

💬 사장님이 너무 유쾌하시고 친절하세요.

맛집 정복 완료!

나의 별점

☆ ☆ ☆ ☆ ☆

스티커 or 스탬프

52

이모분식

"매콤달콤한 오징어채김밥 맛집을 찾는다면 여기"

식당 정보

이모분식
QR로 보기

🏠	주소	경기 시흥시 정왕신길로49번길 10
☎	전화번호	010-2323-2517
🕐	운영시간	07:00-19:00 ※ 07:00-15:00 토요일, 일요일
		※ 매주 월요일 휴무
🧍	웨이팅 난이도	중
📋	주요 메뉴 및 가격	진미김밥 4,000원(추천), 일반김밥 3,000원
✏	김밥 사이즈	중간
🍚	속 재료	김, 밥, 계란, 단무지, 맛살, 진미채볶음, 햄, 깻잎
💬	매장/포장/배달/밀키트	포장 가능
▶	방송 출연	없음

시흥에서는 유명한 김밥 맛집이다. 매콤달콤하게 양념한 진미채와 계란 지단이 듬뿍 들어가는데 가격이 4,000원이라는 게 믿기지 않는다. 진미채는 질기지 않고 쫄깃쫄깃 씹는 식감이 좋고, 계란은 폭신폭신 부드러워서 진미채의 자극적인 맛과 조화롭게 어울린다. 진미채가 들어간 김밥을 좋아한다면 추천한다.

 한줄꿀팁　　미리 전화 주문 필수

고객 리뷰

💬 김밥으로 오래전부터 유명했던 맛집이에요. 가격도 저렴한데 재료를 아낌없이 넣어줍니다.

💬 김밥 1티어…. 매일 먹어도 안 질리는 맛이에요. 특히 진미채 좋아하시는 분들은 꼭 가보세요.

나의 별점

☆☆☆☆☆

맛집 정복 완료!

스티커 or 스탬프

53

이영복김밥

"노량진에서 전복만 30년 넘게 파신 사장님의 전복김밥"

식당 정보

이영복김밥
QR로 보기

🏠 주소	경기 화성시 동탄장지천5길 4-16	
☎ 전화번호	0507-1363-2409	
🕐 운영시간	08:30-20:00 ※ 매주 월요일 휴무	
📍 웨이팅 난이도	하	
🗂 주요 메뉴 및 가격	전복김밥 5,500원(추천), 아빠김밥(오징어젓갈+청양고추) 5,000원	
✏ 김밥 사이즈	중간	
🎯 속 재료	김, 전복내장밥, 계란, 단무지, 전복	
💬 매장/포장/배달/밀키트	매장 식사 가능, 포장 가능	
▶ 방송 출연	없음	

전복에 진심인 사장님이 만들어주는 따끈한 전복김밥이다. 전복 내장으로 볶은 밥에 전복과 단무지를 넣고, 겉에는 고소한 계란지단을 둘러냈다. 전복 내장의 진한 맛이 느껴지며 전복도 질기지 않고 부드럽고 쫄깃하다. 아빠김밥은 오징어젓갈과 청양고추가 들어가는 김밥으로 젓갈의 감칠맛이 가득하며 매콤한 맛이 특징이다. 이곳의 특별한 점은 매장에서 먹고 가면 매일 사장님이 만드는 반찬 여덟 가지를 함께 먹을 수 있다는 것. 게다가 보통 분식집에 가면 우동 국물이나 된장국을 주는데 여기는 홍합 국물을 준다는 것! 해산물로 우려낸 국물이라 바다 향이 가득하고 시원해 전복김밥과 정말 잘 어울렸다.

 한줄꿀팁 김밥을 주문하면 홍합 국물을 줌

고객 리뷰

어지간한 한식당 못지않은 반찬에 놀라고 왔어요. 김밥도 맛있지만 반찬이 정말 정성스럽고 맛있어요.

나의 별점

☆ ☆ ☆ ☆ ☆

맛집 정복 완료!

스티커 or 스탬프

54

천서방김밥 한대앞본점

"유부와 계란이 들어가는 단짠단짠 계란김밥"

식당 정보

천서방김밥 한대앞본점
QR로 보기

🏠	주소	경기 안산시 상록구 광덕1로 341
☎	전화번호	0507-1394-7980
🕐	운영시간	10:00-18:30 ※ 09:00-16:00 토요일, 일요일
		※ 매주 월요일 휴무
📍	웨이팅 난이도	중
📋	주요 메뉴 및 가격	천서방김밥 3,500원(추천), 복음김치김밥 3,500원
📏	김밥 사이즈	큼
🍳	속 재료	김, 밥, 계란, 단무지, 당근, 맛살, 우엉, 유부, 햄
💬	매장/포장/배달/밀키트	포장 가능, 배달 가능
▶	방송 출연	없음

아무리 매장이 바빠도 미리 만들어 놓지 않고 주문이 들어오면 즉시 만드는 원칙을 지키는 김밥집이다. 요즘에는 보기 힘든 3,000원대의 김밥에다 속 재료까지 아낌없이 넣어준다. 이곳의 시그니처 천서방김밥은 계란지단과 유부가 주재료인데 한입에 넣었을 때 재료가 조화롭게 어우러진다. 달콤한 유부와 짭조름한 재료가 만나 단짠단짠의 맛을 이룬다.

 한줄꿀팁 주말에는 전화 주문 필수(전화 주문은 세 줄 이상 가능)

고객 리뷰

- 속재료가 터질 듯이 들어가는데 3,000원대 김밥이라니. 사장님 남는 게 있으신가요.
- 주문하면 최소 15분은 기다려야 하는 집이에요. 기다려야 하지만 근처에 이만한 김밥집이 없어서 자주 사 먹어요.

나의 별점

☆ ☆ ☆ ☆ ☆

맛집 정복 완료!

스티커 or 스탬프

55
쿠쿠르삥뽕김밥

"매콤달콤 북어채김밥"

식당 정보

🏠	주소	경기 김포시 김포한강3로237번길 33
☎	전화번호	0507-1327-6518
🕐	운영시간	10:30-18:00 ※ 10:30-17:00 토요일 ※ 매주 일요일 휴무
🧍	웨이팅 난이도	중
📋	주요 메뉴 및 가격	북어채김밥 5,000원(추천), 불어묵김밥 5,000원
🔑	김밥 사이즈	큼
⊕	속 재료	김, 밥, 계란, 단무지, 당근, 양념북어채, 오이
💬	매장/포장/배달/밀키트	매장 식사 가능, 포장 가능, 배달 가능
▶	방송 출연	없음

쿠쿠르삥뽕김밥
QR로 보기

간판에 적힌 상호가 특이해서 방문한 집. 무려 'ㅋㅋㄹ뿅뿅김밥'이다. 아주머니께 여쭤보니 아들이 매일 하는 게임의 게임용어를 따서 지었다고 한다. 전체적으로 계란지단이 풍성하게 들어가는 스타일이고 계란지단에 간을 했는지 간간하면서도 달콤한 맛이 맴돈다. 북어채는 매콤달콤한 양념에 볶아냈는데 아주 맵지는 않고 쫄깃한 식감이 좋다.

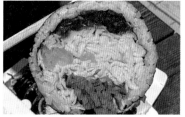

 한줄꿀팁　사장님 혼자 운영하는 가게라 대기시간이 길 수 있음

고객 리뷰

- 💬 동네 맛집이에요. 북어채김밥 생소했는데 양념이 정말 맛있고 쫄깃한 식감이 매력 있더라고요.
- 💬 여기는 채소와 고기에 숯불 향을 입힌다고 해요. 특히 불제육김밥은 은은한 불맛이 최고예요.

나의 별점

☆ ☆ ☆ ☆ ☆

···· 맛집 정복 완료! ····

스티커 or 스탬프

56

하늘사다리

"갓 튀겨낸 돈가스 두 개를 넣어주는 돈가스김밥"

식당 정보

🏠 주소	경기 하남시 하남대로801번길 40	
☎ 전화번호	0507-1394-1502	
🕐 운영시간	08:00-18:00 ※ 08:00-17:00 토요일 ※ 매주 일요일 휴무	
👥 웨이팅 난이도	중	
📋 주요 메뉴 및 가격	돈가스김밥 6,000원(추천), 묵땡김밥 6,000원	
✏ 김밥 사이즈	큼	
🅾 속 재료	김, 밥, 단무지, 당근, 돈가스, 맛살, 양배추, 어묵, 우엉	
💬 매장/포장/배달/밀키트	매장 식사 가능, 포장 가능	
▶ 방송 출연	백종원의골목식당 199회(21.12.22 돈가스김밥),	
	백종원의골목식당 182회(21.08.11 돈가스김밥)	

하늘사다리
QR로 보기

〈백종원의 골목식당〉에 출연한 김밥집으로 돈가스김밥과 묵땡김밥이 유명하다. 돈가스김밥은 갓 튀겨낸 돈가스 스틱을 두 개 넣어주는데 튀김이 얼마나 바삭한지 입천장이 까질 정도다. 함께 주는 새콤한 크림소스에 찍어 먹으면 느끼함도 잡고 환상의 돈가스김밥을 맛볼 수 있다. 아삭한 양배추도 들어가 돈가스 정식을 먹는 듯한 맛이다. 묵땡김밥은 묵은지와 땡초, 돼지고기, 유부가 들어간다. 매콤한 땡초와 함께 달콤하고 짭조름하게 볶아낸 돼지고기와 유부가 아삭한 묵은지와 만나 묘한 감칠맛을 낸다.

 한줄꿀팁   주말에는 미리 전화 주문 필수

고객 리뷰

💬 여기 돈가스김밥은 제가 먹은 돈가스김밥 중에 최고예요. 돈가스김밥이 아니라 돈가스정식을 먹는 듯해요.

💬 유부김밥 좋아하시면 여기 유부김밥 드셔보세요. 약간 매콤하면서도 달짝지근한 게 진짜 계속 생각나는 맛이에요.

나의 별점

☆☆☆☆☆

····· 맛집 정복 완료! ·····

스티커 or 스탬프

57

해주김밥이랑국수

"즉석에서 말아낸 야채계란말이를 넣어주는 김밥"

식당 정보

해주김밥이랑국수
QR로 보기

🏠 주소	경기 부천시 원미구 삼작로256번길 57
☎ 전화번호	070-7337-0466
🕐 운영시간	11:00-19:00 ※ 11:00-17:00 토요일 ※ 매주 일요일 휴무
📍 웨이팅 난이도	중
📋 주요 메뉴 및 가격	계란말이김밥 5,000원(추천), 오징어채김밥 5,000원)
✏ 김밥 사이즈	큼
⊛ 속 재료	김, 밥, 마요네즈, 야채계란말이
🗐 매장/포장/배달/밀키트	매장 식사 가능, 포장 가능
▶ 방송 출연	없음

노릇하게 구워낸 통통한 계란말이를 넣어 만든 계란말이김밥이다. 계란말이에 김밥 속 재료를 잘게 다져 넣어 계란 자체에서 풍부한 감칠맛이 돈다. 노릇노릇하게 구워 고소한 풍미도 좋다. 계란말이에 마요네즈 소스가 들어가 전체적으로 부드러운 식감이다. 오징어채김밥은 정말 손바닥만 한 크기로 재료가 빈틈없이 꽉꽉 들어간다. 매콤달콤하게 양념한 오징어채는 쫄깃하면서도 부드러웠다.

 한줄꿀팁　육전비빔국수가 유명

고객 리뷰

💬 육전비빔국수와 함께 드셔보세요. 처음 보는 메뉴라 한번 시켜봤는데 고소한 육전이랑 새콤한 비빔국수랑 정말 잘 어울리더라고요. 그래서 갈 때마다 김밥에 육전비빔국수 조합으로 먹어요.

💬 김밥이 정말 커요. 한 줄만 먹어도 배부를 정도의 크기예요.

나의 별점

☆☆☆☆☆

맛집 정복 완료!

스티커 or 스탬프

58

홍진김밥

"30년 전통의 꼬마김밥 맛집"

식당 정보

홍진김밥
QR로 보기

🏠 주소	경기 부천시 원미구 조마루로 135	
☎ 전화번호	032-324-2997	
🕐 운영시간	06:00-18:00 ※ 06:00-14:00 토요일	
	※ 06:00-13:00 일요일	
🧍 웨이팅 난이도	하	
📋 주요 메뉴 및 가격	꼬마김밥 4,500원(추천), 고추김밥 5,000원	
✏️ 김밥 사이즈	작음	
🍳 속 재료	김, 밥, 계란, 단무지, 맛살, 햄	
🍱 매장/포장/배달/밀키트	포장 가능	
▶️ 방송 출연	없음	

부천 순천향대학교병원 근처에 있는 30년 된 노포 김밥집이다. 무슨 쌀을 쓰는지 밥맛이 정말 좋은 곳이다. 밥알 하나하나가 입안에서 쫀득하게 굴러다닌다. 꼬마김밥으로 유명한데 그 외에도 일반 김밥과 유부초밥도 있어서 취향에 맞게 골라 먹을 수 있다. 특별한 재료가 들어가는 건 아니지만 밥이 맛있어서 계속 집어 먹게 되는 중독성 강한 김밥이다.

 한줄꿀팁 주말에는 점심까지만 영업

고객 리뷰

💬 여긴 밥맛이 진짜 죽여줘요. 하루 지나서 먹어도 밥이 찰기가 있고 맛있더라고요.

💬 부천 꼬마김밥의 성지예요. 꼬마김밥집 여러 군데 다 먹어봤지만 개인적으로 여기가 제일 맛나요.

맛집 정복 완료!

나의 별점

☆☆☆☆☆

스티커 or 스탬프

강원도
대전
충청도

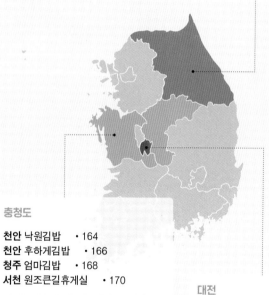

강원도

강릉 감자유원지 ・152
춘천 심야 ・154
춘천 왕짱구 ・156
속초 요기국수김밥 ・158

충청도

천안 낙원김밥 ・164
천안 후하게김밥 ・166
청주 엄마김밥 ・168
서천 원조큰길휴게실 ・170

대전

박경람아란치니김밥 ・160
정김밥 ・ 162

59

감자유원지

"강릉에서 먹는 메밀김밥"

식당 정보

🏠	주소	강원 강릉시 경강로2115번길 7
☎	전화번호	0507-1370-7117
🕐	운영시간	11:00-20:00 ※ 15:30-17:00 브레이크타임
		※ 매주 수요일 휴무
👥	웨이팅 난이도	중
📋	주요 메뉴 및 가격	메밀김밥 필 무렵 11,000원
✏	김밥 사이즈	큼
🍽	속 재료	김, 계란말이, 메밀면, 새우튀김, 아보카도, 와사비, 표고버섯
💬	매장/포장/배달/밀키트	매장 식사 가능, 포장 가능
▶	방송 출연	없음

감자유원지
QR로 보기

152

강릉 김밥 맛집으로 제보를 제일 많이 받은 곳이다. 메밀김밥 좋아하면 이곳 추천. 메밀김밥 말고도 직접 재배한 강원도 감자로 만든 감자수프부터 감자솥밥, 감자카레우동 등 감자를 메인으로 한 메뉴가 많다. 인기가 많아 주말에는 웨이팅 2시간은 필수라고 하니 김밥만 포장하거나 일찍 방문하길 추천한다. 김밥은 메밀김밥 한 종류인데, 메밀면에 새우튀김, 계란, 와사비, 표고볶음, 아보카도가 들어간다. 계란말이는 부드러운데다가 달큰한 맛이 맴돌아 좋았다. 큼직한 계란말이와 바삭한 새우튀김, 톡 쏘는 와사비가 함께 어우러져 담백한 메밀김밥을 만들어냈다.

 한줄꿀팁   네이버로 미리 예약 가능

고객 리뷰

메밀김밥 좋아하시는 분들은 꼭 가보세요.
강릉 주민도 인정한 메밀김밥입니다.

나의 별점

☆☆☆☆☆

맛집 정복 완료!

스티커 or 스탬프

60

심야

"달짝지근한 마늘밥으로 말아낸 감태김밥"

식당 정보

🏠	주소	강원 춘천시 삭주로80번길 21
☎	전화번호	0507-1399-7275
🕐	운영시간	18:00-01:30 ※ 17:00-01:00 금요일, 토요일
		※ 18:00-01:00 일요일 ※ 매주 월요일 휴무
👥	웨이팅 난이도	중
📋	주요 메뉴 및 가격	육회김밥 25,000원(추천)
🖊	김밥 사이즈	중간
Ⓢ	속 재료	감태, 마늘밥
📧	매장/포장/배달/밀키트	매장 식사 가능, 포장 가능
▶	방송 출연	없음

심야
QR로 보기

독특한 비주얼의 육회김밥. 감태에 달짝지근한 마늘밥을 넣고 말아낸 김밥과 육회 한 주먹이 함께 나온다. 바다 향이 진하게 느껴지는 감태에 달짝지근하게 양념한 마늘밥이 들어가 단짠단짠 중독성이 강한 김밥이다. 같이 나온 육회는 간이 심심한 편인데 감태김밥에 올려 먹으면 딱 맛있게 먹을 수 있다.

 한줄꿀팁 예약 필수(네이버 예약 가능)

고객 리뷰

💬 여기는 감태김밥은 필수 메뉴고, 다른 메뉴도 맛있어서 계속 시키게 돼요.
저 여기 갔다가 기어서 나왔습니다….

나의 별점

☆☆☆☆☆

····· 맛집 정복 완료! ·····

스티커 or 스탬프

61

왕짱구

"손님이 끊이질 않는 춘천 꼬마김밥"

식당 정보

🏠 주소	강원 춘천시 춘천로 195	
☎ 전화번호	033-254-4862	
🕐 운영시간	08:00-19:30 ※ 매주 월요일 휴무	
📍 웨이팅 난이도	중	
📋 주요 메뉴 및 가격	왕짱구꼬마김밥 3,500원(추천), 만두(고기, 김치) 3,500원	
📏 김밥 사이즈	작음	
🍚 속 재료	김, 밥, 단무지, 당근, 부추, 어묵	
💬 매장/포장/배달/밀키트	포장 가능, 배달 가능	
▶ 방송 출연	없음	

왕짱구
QR로 보기

춘천의 아주 오래된 분식집이다. 만두와 김밥을 같이 판매하는 곳으로 정말 끊임없이 손님과 배달 주문이 들어오는 곳. 메뉴는 만두 두 종(고기, 김치)과 꼬마김밥, 왕만두 네 가지다. 꼬마김밥 김은 식감이 도톰하고 은은한 바다 향이 나며 참기름도 듬뿍 발라져 있어 고소하다. 김밥도 김밥인데, 여기는 만두를 꼭 먹어봐야 한다. 이런 김치만두는 처음이다. 입안에 텁텁함이 전혀 남지 않고 깔끔하고 개운한 김치만두다. 피가 너무 얇지도 두껍지도 않은 적당한 두께라 누구나 맛있게 먹을 듯하다.

 한줄꿀팁   왕만두(고기)는 주말에만 판매

고객 리뷰

추억의 왕짱구…. 여기는 3대가 좋아하는 김밥집이에요. 가격도 저렴하고 맛도 변하지 않아서 좋아요.

나의 별점

☆ ☆ ☆ ☆ ☆

맛집 정복 완료!

스티커 or 스탬프

62

요기국수김밥

"속초 홍게살이 듬뿍 들어가는 홍게김밥"

식당 정보

🏠 주소	강원 속초시 조양로 102	
☎ 전화번호	010-8260-5259	
🕐 운영시간	09:30-19:30 ※ 매주 일요일 휴무	
📍 웨이팅 난이도	중	
📋 주요 메뉴 및 가격	다시마김밥 5,000원(추천), 속초홍게김밥 7,000원	
📏 김밥 사이즈	중간	
😋 속 재료	김, 밥, 계란, 다시마, 단무지, 당근, 오이, 맛살	
💬 매장/포장/배달/밀키트	매장 식사 가능, 포장 가능	
▶ 방송 출연	맛있는녀석들 347회(21.10.15 다시마김밥/홍게김밥)	

요기국수김밥
QR로 보기

속초에서만 먹을 수 있는 홍게김밥이다. 진짜 홍게살을 김밥 속에 가득 넣었다. 마요네즈에 버무린 홍게살과 양배추샐러드를 넣어 고소하고 아삭한 식감이 좋다. 전체적으로 마요네즈 범벅이라 조금 느끼할 수도 있어 속초산 생골뱅이가 들어가는 비빔국수와 함께 먹길 추천한다. 다시마김밥은 식감이 오독오독하다. 다시마를 새콤하고 짭조름한 맛간장으로 버무려 듬뿍 넣었다. 깊은 바다의 감칠맛이 느껴진다.

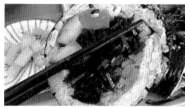

 한줄꿀팁   쫄잔치(쫄면+잔치국수) 추천

고객 리뷰

- 김밥에 오징어무침을 추가해서 먹어보세요. 새콤달콤 맛있어요!
- 홍게김밥 먹으러 왔다가 다시마김밥에 반하고 가요. 바다의 감칠맛이 가득한 김밥이에요.

나의 별점
☆☆☆☆☆

···· 맛집 정복 완료! ····

스티커 or 스탬프

63

박경람아란치니김밥

"명란이 통째로 들어가는 김밥"

식당 정보

🏠 주소	대전 유성구 온천로 45	
☎ 전화번호	042-826-6954	
🕐 운영시간	09:00-21:00	
👤 웨이팅 난이도	중	
📋 주요 메뉴 및 가격	명란김밥 6,500원(추천), 전복김밥 7,500원	
📏 김밥 사이즈	중간	
🍱 속 재료	김, 밥, 계란, 명란, 상추	
💬 매장/포장/배달/밀키트	매장 식사 가능, 포장 가능, 배달 가능	
▶ 방송 출연	없음	

박경람아란치니김밥
QR로 보기

그동안 전국김밥일주를 하면서 명란김밥이 메뉴에 있는 김밥집을 잘 보지 못했다. 게다가 있다고 해도, 맛있는 집을 찾기가 어려웠다. 이곳의 명란김밥은 저염 백명란을 사용하는데, 비린 맛은 없고 담백하고 깔끔하다. 약간의 짭조름한 감칠맛은 남아 있어서, 김밥 안에서 자기의 존재감을 확실히 지켜낸다. 매일 직접 부쳐내는 계란지단과 깻잎, 상추가 들어가 포슬포슬함과 아삭함이 동시에 느껴지는 재밌는 김밥이기도 하다. 그리고 김밥을 주문하면 매콤하게 무쳐낸 무말랭이무침을 주는데 김밥을 먹다 심심해질 때쯤 하나씩 올려 먹으면 좋다. 아삭한 식감과 매콤함이 더해져 또 다른 김밥 맛을 느낄 수 있다.

 한줄꿀팁   박경람아란치니김밥 탄방점(대전 서구 문예로 11)

고객 리뷰

💬 함께 주는 무말랭이를 얹어서 먹으면 맛있어요. 명란이 짜지 않고 담백해서 좋아요.

💬 아란치니도 유명하니 김밥이랑 같이 드셔보세요.

나의 별점

☆ ☆ ☆ ☆ ☆

맛집 정복 완료!

스티커 or 스탬프

64

정김밥

"새콤한 묵은지참치김밥으로 유명한 곳"

식당 정보

🏠 주소	대전 서구 둔산북로 22	
☎ 전화번호	042-710-0777	
🕐 운영시간	07:00-19:00 ※ 07:00-15:00 토요일 ※ 매주 일요일 휴무	
📍 웨이팅 난이도	중	
📋 주요 메뉴 및 가격	묵참김밥 5,000원(추천)	
📏 김밥 사이즈	큰	
🍴 속 재료	김, 밥, 계란, 단무지, 당근, 묵은지, 오이, 우엉, 참치	
💬 매장/포장/배달/밀키트	포장 가능, 배달 가능	
▶ 방송 출연	없음	

정김밥
QR로 보기

대전 둔산동에서 숨은 김밥 맛집으로 통하는 곳. 묵은지참치김밥과 다이 어트김밥이 인기 메뉴다. 포장만 가능하며 주문량이 많아서 1시간 전에 예약 필수. 크기가 큼직한데 밥은 얇게 깔려 있고 속 재료가 푸짐하게 들 었다. 아삭하고 새콤한 묵은지와 고소한 참치마요의 조화가 좋다. 밥은 적고 속 재료가 풍성한 김밥을 좋아하면 추천한다.

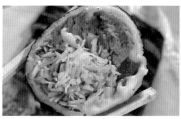

 한줄꿀팁   1시간 전 전화 주문 필수

고객 리뷰

💬 밥이 들어가지 않은 다이어트김밥도 추천해요. 채소가 많이 들어가서 아삭한 맛이 좋아요.

💬 이곳에서 다른 건 안 먹어도 묵은지참치김밥은 꼭 먹어봐야 합니다.

맛집 정복 완료!

나의 별점

☆ ☆ ☆ ☆ ☆

스티커 or 스탬프

65
낙원김밥

"천안에서 유명한 김밥 맛집"

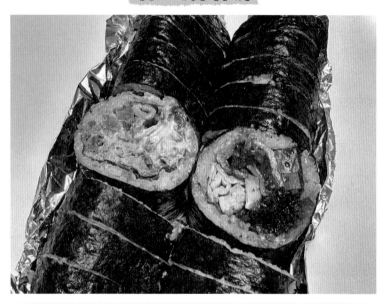

식당 정보

낙원김밥
QR로 보기

🏠 주소	충남 천안시 동남구 천안여상로 21
☎ 전화번호	041-522-6580
🕐 운영시간	06:30-18:00 ※ 14:00-15:30 브레이크 타임
	※ 06:30-13:00 토요일 ※ 매주 일요일 휴무
🧍 웨이팅 난이도	중
📋 주요 메뉴 및 가격	참치김밥 4,500원(추천), 멸치김밥 4,000원
✏ 김밥 사이즈	큼
⚙ 속 재료	김, 밥, 계란, 단무지, 당근, 멸치볶음, 어묵, 우엉, 햄, 깻잎
🍱 매장/포장/배달/밀키트	매장 식사 가능, 포장 가능
▶ 방송 출연	없음

천안 봉명동 순천향대학교병원과 천안여자상업고등학교 인근에 있는 곳으로 나이가 지긋한 부부 두 분이서 운영하는 작은 김밥집이다. 푸근한 고향집에 온 기분이 드는 이곳은 참치김밥이 시그니처 메뉴다. 담백한 참치가 가득 들어가는 데다, 마요네즈를 듬뿍 넣어 촉촉하고 부드러워 목 넘김이 좋다. 이곳은 엄마의 마음으로 재료 하나하나에 정성을 많이 쏟는다. 햄도 한 번 데쳐 불순물을 제거한 후 사용하고, 참기름도 매번 시골에 내려가 짜서 온다고 한다.

 한줄꿀팁   1시간 전 전화 주문 필수

고객 리뷰

💬 재료를 아끼지 않는 푸짐한 김밥이에요. 갈 때마다 사장님이 친절하게 반겨주세요.

💬 참치김밥 좋아하시면 꼭 가보세요. 참치김밥의 근본을 맛볼 수 있습니다.

나의 별점

☆☆☆☆☆

······ 맛집 정복 완료! ······

스티커 or 스탬프

66

후하게김밥

"문어가 가득 들어간 타코야키김밥"

식당 정보

후하게김밥
QR로 보기

🏠	주소	충남 천안시 서북구 불당31길 34
☎	전화번호	041-569-2001
🕐	운영시간	08:00-18:30 ※ 08:00-15:00 토요일
		※ 매주 일요일 휴무
🧗	웨이팅 난이도	중
📋	주요 메뉴 및 가격	타코야키김밥 5,900원(추천), 제육김밥 4,800원
📏	김밥 사이즈	큼
🥢	속 재료	김, 밥, 가쓰오부시, 계란, 데리야끼소스, 마요네즈, 문어
💬	매장/포장/배달/밀키트	매장 식사 가능, 포장 가능
▶	방송 출연	없음

타코야키김밥이라니. 김밥 속 재료로는 통통하게 부쳐낸 계란말이가 끝인데, 이 계란말이에 타코야키처럼 문어가 가득 들어간다. 김밥 위에 마요네즈와 데리야끼소스, 가쓰오부시가 올라가는데, 가쓰오부시를 치우기 전까진 정말 타코야키 생김새다. 단짠 소스와 함께 어우러진 문어계란말이는 입안에서 부드럽게 흩어지는데, 중간중간 씹히는 문어의 쫄깃한 식감이 재밌다. 이곳은 모든 김밥이 밥보다는 속 재료가 많이 들어가는 편인데 특히 제육김밥은 매콤하게 볶아낸 제육을 아낌없이 넣었다. 들기름으로 볶아내 진한 고소함이 느껴지고, 약간의 불맛과 함께 고소한 감칠맛이 가득한 김밥이다.

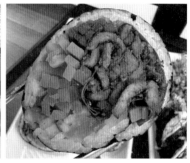

 한줄꿀팁 키토김밥도 있음

고객 리뷰

🗨 김밥 먹고 싶을 때는 이곳으로 가요. 메뉴도 다양해서 매번 골라 먹을 수 있어 좋아요.

🗨 밥보다 속 재료가 많은 김밥 좋아하시면 추천해요. 재료가 아낌없이 들어가요. 개인적으로 통계란말이김밥을 좋아하는데 입안에 넣자마자 사라집니다.

나의 별점

☆ ☆ ☆ ☆ ☆

맛집 정복 완료!

스티커 or 스탬프

67

엄마김밥

"12시만 되면 재료 소진으로 문을 닫는 김밥집"

식당 정보

🏠 주소	충북 청주시 흥덕구 풍산로 166-1	
☎ 전화번호	043-272-2964	
🕐 운영시간	06:00-20:00 ※ 매주 일요일 휴무	
🧍 웨이팅 난이도	상	
📋 주요 메뉴 및 가격	불어묵참치김밥 5,000원(추천), 참치김밥 4,500원	
🖊 김밥 사이즈	큼	
🍙 속 재료	김, 밥, 계란, 단무지, 당근, 매운 어묵, 깻잎	
💬 매장/포장/배달/밀키트	포장 가능	
▶ 방송 출연	없음	

엄마김밥
QR로 보기

네이버 지도에 적힌 영업시간은 저녁 8시까지이나, 낮 12시만 되어도 재료 소진으로 문을 닫는 곳이다. 참치김밥으로 유명한데, 참치가 넘치다 못해 흘러내리는 것 같은 김밥이다. 참치김밥과 불어묵참치김밥으로 주문. 참치에 양파와 마요네즈가 넉넉히 들어가 수분감이 높다. 퍽퍽하기보다는 촉촉한 참치김밥이다. 그리고 아마 양파 때문일까? 양념을 약간했는지, 참치 토핑이 달달한 편이다. 한국인답게 매운맛 김밥도 함께 주문했다. 참치김밥을 먹다 약간 물릴 때쯤 불참치 하나 입에 넣어주면 된다. 불참치에서 매운맛을 담당하는 친구는 불어묵이다. 맵게 양념한 어묵. 색깔부터 빨갛다. 처음에는 '안 매운데?' 싶다가 어느 정도 씹었을 때 '오, 맵네?' 하는 뒷심이 좋은 김밥이다. 참치김밥이지만 느끼하지 않아 좋았다.

한줄꿀팁 1시간 전 전화 주문 필수

고객 리뷰

🗨 달콤한 참치김밥이에요. 느끼한 거 싫어하시는 분들은 불어묵참치김밥 추천드려요.

🗨 청주 사람이지만 쉽게 먹기 힘든 곳이에요. 전화로 미리 주문하고 가야 해요.

나의 별점   ┈┈ 맛집 정복 완료! ┈┈

☆ ☆ ☆ ☆ ☆   스티커 or 스탬프

68
원조큰길휴게실

"튀김옷 입혀 바삭바삭하게 튀겨주는 튀김김밥"

식당 정보

원조큰길휴게실
QR로 보기

🏠	주소	충남 서천군 장항읍 장항로 174
☎	전화번호	041-956-0657
🕐	운영시간	11:00-19:30 ※ 매주 일요일 휴무
🧍	웨이팅 난이도	하
📋	주요 메뉴 및 가격	튀김김밥 4,000원(추천), 떡볶이 4,000원
✏	김밥 사이즈	중간
🍴	속 재료	김, 밥, 계란, 단무지, 오이, 튀김옷, 햄
💬	매장/포장/배달/밀키트	매장 식사 가능, 포장 가능
▶	방송 출연	생활의달인 685회(19.08.26 튀김김밥)

튀김김밥의 달인으로 〈생활의 달인〉에도 소개된 김밥집이다. 서천에서는 방송에 나오기 전부터 유명했다는데, 그래서 그런지 오래된 단골도 많다. 김밥에 튀김옷을 입힌 다음 노릇하고 바삭하게 튀겨낸 튀김김밥을 파는 곳이다. 뜨거운 김이 폴폴 나는 튀김김밥은 갓 나왔을 때가 가장 맛있는데, 튀김옷이 바삭바삭하고 고소하다. 매콤달콤한 쌀떡볶이도 같이 시켜서 소스에 찍어 먹으면 더 맛있게 먹을 수 있다.

 한줄꿀팁   튀김김밥과 떡볶이 조합 추천

고객 리뷰

튀김김밥을 좋아해서 몇 군데 찾아 먹어봤지만, 여기만 한 데가 없어요.
저만의 먹는 방법이 있는데, 튀김 부분을 간장에 살짝 찍어 먹으면 맛있어요.

나의 별점

☆☆☆☆☆

···· 맛집 정복 완료! ····

스티커 or 스탬프

소보로빵에 이은 소보로김밥

대전에 가면 꼭 들르는 곳이 있다. 바로 '성심당' 빵집이다. 성심당에서 가장 유명한 빵인 튀김소보로를 한 아름 사서 으레 지인들에게 나눠주곤 했다. 바삭바삭한 식감의 소보로가 그렇게 매력적일 수가 없었다. 그러던 어느 날, 제보를 하나 받았다. 대전에는 소보로빵만 있는 게 아니라 소보로김밥도 있다고. 김밥과 소보로의 조합이라니, 신기함과 두려움(?)을 안고 바로 대전으로 출발했다.

매장은 대전 중리동에 있는 '김밥신화'라는 곳이다. 사실 이곳은 《전국김밥일주》 1권에 실린 곳인데, 소보로김밥이라는 메뉴는 이번에 갔을 때 처음 알게 되었다. 소보로김밥은 손이 많이 가는 메뉴라 보통 미리 전화 주문을 해야 한다고 한다. 사장님에게 특별히 부탁해서 소보로김밥 만드는 과정을 함께 보게 되었다.

우선 커다란 누드김밥 한 줄을 준비한다. 밀가루와 계란물을 차례대로 입힌 다음, 빵가루를 입혀서 기름에 튀긴다. 중·약불에 노릇노릇하게 튀겨진 김밥은 성심당에서 봤던 소보로빵처럼 오돌토돌했고, 바사삭하는 소리가 매력적이었다.

누드김밥이라 밥 부분에 튀김옷이 입혀져 누룽지 같은 식감도 느껴진다. 김밥 속에는 네 종류의 치즈가 들어가는데 녹진한 치즈의 풍미와 바삭하고 고소한 튀김옷이 어우러져 먹는 재미가 있는 김밥이었다. 이 김밥을 한입에 넣

으며 '과연 대전은 소보로의 도시가 맞구나' 다시 생각해본다.

대전에서도 이곳에서만 먹을 수 있는 튀김소보로김밥이니, 꼭 한번 방문해

보길 바란다.

위치: 대전 대덕구 중리로 51

대구 울산 부산
경상도

대구

명성김밥 ·176
몽디김밥 ·178
캡틴의 키토샐러드칼국수김밥 ·180

경상북도

영천 서문분식 ·192
포항 최김밥 ·194

경상남도

창원 낙원우동집 ·196
창원 윤정이네손칼국수 ·198
창원 뚱땡이김밥 ·200
양산 달맞이꽃분식 ·202
김해 미각분식 ·204
사천 우리가족 ·206

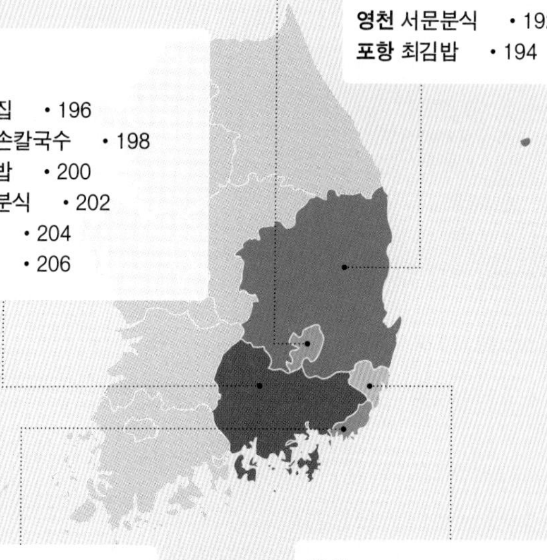

부산

김면장 ·184
우리포차 ·186
명란김밥 ·188
생생김밥 ·190

울산

소문난김밥토스트 ·182

69

명성김밥

"35년 대구 노포 김밥집"

식당 정보

🏠 주소	대구 중구 국채보상로131길 55	
☎ 전화번호	053-425-0276	
🕐 운영시간	07:00-19:00	
👥 웨이팅 난이도	하	
📋 주요 메뉴 및 가격	김밥 2,000원(추천)	
✏ 김밥 사이즈	보통	
🍚 속 재료	김, 밥, 계란, 단무지, 당근, 맛살, 시금치, 어묵, 우엉	
💬 매장/포장/배달/밀키트	포장 가능	
▶ 방송 출연	없음	

명성김밥
QR로 보기

김밥 한 줄에 2,000원인데 전혀 부실하지 않은 맛! 나이 지긋한 할머니 세 분이서 운영하는 곳으로, 가게 안으로 들어가면 할머니집에 온 듯 정감 가는 분위기를 느낄 수 있다. 요즘에는 속이 꽉 차고 팔뚝처럼 굵은 김밥이 많은데 사실 자주 먹게 되는 김밥은 이런 기본 김밥이다. 만약 집 근처에 가게가 있다면 자주 사 먹을 듯한 김밥이다. 간도 딱 맞고 밥도 찰기가 있어 입안 가득 감칠맛이 느껴진다. 은은한 매콤함이 있는데 김치 정도의 맵기다.

 한줄꿀팁　현금, 계좌이체만 가능

고객 리뷰

💬 기본 김밥으로는 최고의 김밥집이에요. 할머니 손맛이 최고예요. 오래도록 장사하셨으면 좋겠어요.

💬 대구에서 다섯 손가락 안에 드는 김밥집.

나의 별점

☆☆☆☆☆

맛집 정복 완료!

스티커 or 스탬프

70

몽디김밥

"서문시장 1평의 기적이라 불리는 김밥집"

식당 정보

🏠 주소	대구 중구 달성로 50
	서문시장 1지구와 2지구 사이
☎ 전화번호	없음
🕐 운영시간	09:00-19:00
👥 웨이팅 난이도	중
📋 주요 메뉴 및 가격	크래미김밥 4,000원(추천), 불오징어김밥 4,000원
✏ 김밥 사이즈	보통
🥢 속 재료	김, 밥, 단무지, 당근, 어묵, 우엉, 크래미, 깻잎
🍱 매장/포장/배달/밀키트	포장 가능
▶ 방송 출연	없음

몽디김밥(서문시장)
QR로 보기

1평 남짓한 작은 공간에서 김밥을 즉석에서 말아 판매하는 곳. 손이 빠른 사장님 덕분에 오래 기다리지 않고 김밥을 받을 수 있다. 불오징어김밥은 깻잎, 치즈, 양념한 무말랭이와 오징어가 들어간다. '불'이라는 이름이 들어가서 매울 줄 알았지만 생각보다 맵진 않았고 신라면 정도의 맵기였다. 오징어보다는 무말랭이가 더 돋보여서 조금 아쉬웠지만, 오독오독한 식감만큼은 최고였다. 정말 맛있는 건 크래미김밥이었는데, 이 김밥을 먹고 크래미마요가 맛있다는 것을 처음 알았다. 퍽퍽하지 않고 부드럽게 입안을 감싸준다. 약간 매콤하게 양념한 어묵볶음이 들어가 크래미마요와 조화가 좋았다.

 한줄꿀팁 크래미, 불오징어 토핑만 추가 가능

고객 리뷰

📭 1,000원만 추가하면 키토김밥으로 변경 가능해요.

📭 서문시장 김밥 맛집으로 유명해요. 김밥을 포장한 다음, 국수 거리에 가서 국수랑 함께 먹어도 좋아요.

맛집 정복 완료!

나의 별점

☆☆☆☆☆

스티커 or 스탬프

71

캡틴의 키토샐러드칼국수김밥

"햄버거 맛이 나는 육전말이김밥"

식당 정보

🏠 주소	대구 수성구 동대구로 275	
☎ 전화번호	053-322-7201	
🕐 운영시간	10:00-19:10	
👤 웨이팅 난이도	하	
📋 주요 메뉴 및 가격	대왕육전말이김밥 9,500원(추천), 막말아키토김밥 2,500원	
✏ 김밥 사이즈	큼	
🍴 속 재료	김, 강황밥, 고기패티, 계란지단, 당근, 비트단무지, 양배추, 우엉, 깻잎	
🍽 매장/포장/배달/밀키트	매장 식사 가능, 포장 가능, 배달 가능	
▶ 방송 출연	없음	

캡틴의 키토샐러드칼국수김밥
QR로 보기

대구에서 키토김밥 맛집으로 꼽히는 곳. 키토김밥 전문점이지만, 일반 김밥도 있으니 취향껏 고르면 된다. 키토김밥 중에서도 막말아키토김밥으로 주문했는데, 따로 썰려 있지 않아 한 손에 들고 베어 먹는 형태다. 계란지단과 우엉, 당근, 단무지가 들어가는데 계란지단의 간이 알맞게 잘되어 더 고소하게 느껴지는 김밥이다. 육전말이김밥은 여섯 토막으로 잘라 주는데, 정말 크다. 하나만 먹어도 배부를 정도. 김밥 곁에 고기패티와 계란지단을 둘러서 만들어 주는데, 고기패티는 매일매일 직접 반죽해 오븐에 구워낸다고 한다. 너무 커서 한입에는 도저히 불가능하고 세 번 정도 나눠서 먹었다. 고기패티가 들어가 느끼할 줄 알았는데, 매콤한 칠리소스가 들어가서 깔끔했다. 햄버거를 먹는 듯한 느낌!

 한줄꿀팁 가게 앞에 주차된 사장님의 김밥카(김밥자동차)도 구경해보길

고객 리뷰

🗨 대구에서 키토김밥 맛집 찾으시면 이곳을 추천합니다. 다이어트 중인데 김밥 먹고 싶을 때 여기서 먹어요.

🗨 진짜 햄버거 맛이 나요! 솔직히 세 개만 먹어도 든든한 김밥이에요.

맛집 정복 완료!

나의 별점
☆☆☆☆☆

스티커 or 스탬프

72

소문난김밥토스트

"어묵조림을 뿌려주는 김밥"

식당 정보

🏠	주소	울산 중구 장춘로 70
☎	전화번호	없음
🕐	운영시간	19:00-03:00
📍	웨이팅 난이도	하
📋	주요 메뉴 및 가격	김밥 4,000원(추천)
🖊	김밥 사이즈	보통
🎡	속 재료	김, 밥, 계란, 단무지, 맛살, 오이, 어묵
💬	매장/포장/배달/밀키트	매장 식사 가능, 포장 가능
▶	방송 출연	없음

소문난김밥토스트
QR로 보기

세 번의 시도 끝에 성공한 김밥집이다. (사람이 많아서는 아니고 오픈 시간이 늦은 저녁이라 맞춰서 가기가 어려웠다.) 토스트와 김밥, 어묵을 파는 곳으로 저녁 7시부터 새벽 3시까지 운영하는데, 울산 사람들에게는 야식 맛집 혹은 술 마시고 막차로 가는 곳으로 잘 알려진 곳이다. 여기 김밥은 들어가는 재료는 평범하지만, 윤기 나게 졸여낸 어묵조림을 김밥 위에 올려주는 게 특별하다. 짭조름하게 졸여낸 어묵은 입맛에 따라 조금 짜게 느껴질 수 있는데, 김밥에 하나씩 올려 먹으면 딱 좋다. 더도 말고 덜도 말고 딱 하나. 간이 딱 맞으면서 맛있게 먹을 수 있다.

한줄꿀팁   현금만 가능(계좌이체 불가)

고객 리뷰

💬 근처에서 술 마시고 집에 들어가기 전에 들르는 맛집이에요. 김밥도 맛있지만 설탕 듬뿍 뿌린 토스트도 별미예요.

맛집 정복 완료!

나의 별점
☆☆☆☆☆

스티커 or 스탬프

73
김면장

"바삭하게 튀긴 탕수육이 들어가는 탕수육김밥"

식당 정보

🏠 주소	부산 수영구 수영로384번길 19	
☎ 전화번호	0507-1330-2225	
🕐 운영시간	09:00-21:00 ※ 09:00-14:00 일요일	
🧍 웨이팅 난이도	중	
🍱 주요 메뉴 및 가격	탕수육김밥 5,900원(추천), 소불고기김밥 5,900원	
📏 김밥 사이즈	큼	
🍳 속 재료	김, 밥, 당근, 무절임, 오이, 탕수육, 깻잎	
💬 매장/포장/배달/밀키트	매장 식사 가능, 포장 가능	
▶ 방송 출연	없음	

김면장
QR로 보기

중국집에서 먹던 그 탕수육이 김밥 재료로 들어간다. 새콤달콤한 탕수육소스가 버무려진 채로. 일단 크기부터 압도적이다. 부산에서 먹은 김밥 중에 크기로는 제일 크다. 너무 커서 젓가락으로는 먹을 수 없을 정도. 자리마다 비닐장갑이 구비되어 있는데 비닐장갑을 끼고 입안으로 욱여넣어야 한다. 한입에 풍성한 맛이 느껴진다. 바삭한 고기튀김의 식감과 새콤달콤한 소스 덕분에 느끼할 틈 없이 정말 맛있게 먹었다. 소불고기김밥은 이 크기에 소불고기를 이만큼 넣어주면 남는 게 있을까 걱정이 될 정도. 고기는 질기지 않고 부드러웠고 짭조름하게 간이 되어 있어서 좋았다.

 한줄꿀팁 셀프결제 시 10% 할인

고객 리뷰

💬 김밥 한 줄이 거의 다른 곳 두 줄 양인 것 같아요. 속 재료도 진짜 푸짐해서 가성비 맛집입니다.

나의 별점
☆☆☆☆☆

맛집 정복 완료!

스티커 or 스탬프

74

우리포차

"겨울에만 판매하는 방어김밥"

식당 정보

🏠 주소	부산 수영구 광일로29번길 9	
☎ 전화번호	051-757-0152	
🕐 운영시간	16:00-23:00 ※ 매주 일요일 휴무	
🧍 웨이팅 난이도	상	
📋 주요 메뉴 및 가격	방어김밥 20,000원(추천)	
✏ 김밥 사이즈	큼	
🍥 속 재료	김, 밥, 검은깨양배추샐러드, 계란, 단무지, 방어, 오이	
🍽 매장/포장/배달/밀키트	매장 식사 가능, 포장 가능	
▶ 방송 출연	생방송투데이 2221회(18.12.04 대방어김밥)	

우리포차
QR로 보기

부산에서 방어로 유명한 우리포차라는 곳에서 방어김밥을 판다고 해서 찾아갔다. 방어김밥은 겨울에만 맛볼 수 있는 한정 메뉴로, 후토마키(ふとまき)라 생각하면 되는데 김에 밥, 잘게 썬 방어와 꼬들단무지, 계란, 오이, 검은깨양배추샐러드, 참깨로 속이 가득 차 있다. 와사비 살짝 올려서 먹어도 좋고, 아삭한 묵은지를 곁들여도 맛있다. 방어회는 김에만 싸먹는 줄 알았는데, 김밥으로 먹어도 맛있구나! 특히 검은깨와 참깨가 고소함을 더해 더욱 맛있었던 방어김밥!

 한줄꿀팁　웨이팅 필수

고객 리뷰

💬 겨울에만 먹어볼 수 있는 특별한 김밥이에요. 방어 좋아하시는 분들은 꼭 드셔보세요.

맛집 정복 완료!

나의 별점

☆☆☆☆☆

스티커 or 스탬프

75

명란김밥

"짭조름한 명란이 들어가는 김밥"

식당 정보

🏠	주소	부산 부산진구 중앙대로783번길 23
☎	전화번호	010-8988-2148
🕐	운영시간	07:30-18:00
👤	웨이팅 난이도	상
📋	주요 메뉴 및 가격	명란김밥 3,500원(추천), 소고기김밥 3,000원
✏	김밥 사이즈	큼
⊙	속 재료	김, 밥, 계란, 단무지, 당근, 맛살, 명란, 어묵, 오이, 우엉
🗨	매장/포장/배달/밀키트	포장 가능
▶	방송 출연	생방송오늘저녁 2093회(23.08.30 명란김밥), 생활의달인 885회(23.04.24 명란김밥)

명란김밥
QR로 보기

부전시장 명물 김밥집 두 곳 중 한 곳. 이곳은 짭조름한 명란젓이 들어가는 명란김밥으로 유명한데, 깊은 감칠맛에 명란을 좋아하는 사람들이 특히 좋아할 김밥이다. 명란이 눈에 보일 만큼 많이 들어가 싱겁게 드시는 분들은 조금 짜게 느낄 수 있다. 바다의 도시답게 신선한 명란을 사용해서 감칠맛이 더욱 두드러지며, 명란 외에도 계란지단과 각종 채소가 푸짐하게 들어가 풍부한 맛을 느낄 수 있다.

 한줄꿀팁   명란김밥은 재료 소진으로 일찍 마감하는 경우가 많음

고객 리뷰

🗨 줄이 길어서 오래 기다릴까 봐 걱정했는데, 김밥 마는 속도가 빠른지 줄이 빨리 줄어들더라고요. 많이 기다리지 않았어요.

🗨 명란김밥은 너무 짜지 않을까 걱정했는데 적당히 짭조름한 맛이에요. 감칠맛 가득해요.

나의 별점

☆☆☆☆☆

맛집 정복 완료!

스티커 or 스탬프

76

생생김밥

"통계란말이가 들어가는 김밥"

식당 정보

🏠 주소	부산 부산진구 새싹로14번길 94	
☎ 전화번호	051-803-2440	
⏱ 운영시간	06:00-19:00 ※ 05:00-18:30 토요일 ※ 매주 일요일 휴무	
👥 웨이팅 난이도	중	
📋 주요 메뉴 및 가격	계란김밥 3,000원(추천), 땡초김밥 3,000원	
📏 김밥 사이즈	큰	
🥢 속 재료	김, 밥, 계란말이	
💬 매장/포장/배달/밀키트	포장 가능	
▶ 방송 출연	생활의달인 879회(23.03.06 통달걀김밥)	

생생김밥
QR로 보기

부전시장에서 유명한 김밥집 두 곳 중 한 곳이다. 이곳은 다른 재료 없이 부드러운 계란말이만 통으로 넣은 김밥으로 〈생활의 달인〉에까지 나온 곳이다. 계란말이가 촉촉하고 간이 알맞게 되어 있어 부드럽게 넘어간다. 조금 심심하다 느낄 때는 매콤한 땡초김밥과 번갈아 먹어보기를 추천한다.

 한줄꿀팁   생생김밥 2호점(부산 부산진구 부전로174번길 33)

고객 리뷰

💬 저만의 꿀팁인데 계란김밥을 케첩에 찍어 먹으면 정말 맛있어요.

💬 항상 줄이 긴 계란김밥 맛집이에요. 유부초밥도 파는데 추억의 유부초밥 맛이라 자주 사 먹어요.

나의 별점

☆☆☆☆☆

.···· **맛집 정복 완료!** ····.

스티커 or 스탬프

77

서문분식

"멸치김밥 달인이 만들어주는 멸치김밥"

식당 정보

🏠	주소	경북 영천시 운동장로 7
☎	전화번호	0507-1381-5536
🕐	운영시간	10:00-18:00
🧍	웨이팅 난이도	하
📋	주요 메뉴 및 가격	멸치김밥(2줄) 6,000원(추천)
🖊	김밥 사이즈	보통
🎡	속 재료	김, 밥, 계란, 단무지, 당근, 어묵, 우엉, 햄
💬	매장/포장/배달/밀키트	매장 식사 가능, 포장 가능
▶	방송 출연	생활의달인 831회(22.01.31 잔치국수/김밥)

서문분식
QR로 보기

경북 영천에서 만난 멸치김밥 달인. 멸치김밥이라고 해서 김밥 안에 멸치가 들어가는 줄 알았는데 김밥 위에 멸치볶음을 올려준다. 김밥이랑 비빔국수를 시켰을 뿐인데 한 상 차림이 나온다. 국물, 겉절이, 고추장 아찌, 고추, 양파, 오이, 쌈장이 함께 나온다. 김밥은 엄마가 말아주는 집 김밥 스타일로, 따뜻함과 다정함이 가득 느껴지는 맛이다. 김밥 위에 멸치볶음을 조금씩 올려 먹으면 되는데, 멸치볶음이 바삭하고 달콤짭조름해 맛있었다.

 한줄꿀팁　사장님이 직접 담근 겉절이와 장아찌가 별미

고객 리뷰

💬 김밥에 멸치볶음이 올려져 있어 생소했지만, 맵싸함을 살짝 머금은 멸치의 고소함이 김밥과 잘 어울려요.

💬 진한 멸치 육수로 끓여낸 잔치국수도 함께 드셔보세요. 사장님이 직접 담근 겉절이와 함께 먹으면 더 맛있어요.

나의 별점

☆☆☆☆☆

┈┈ 맛집 정복 완료! ┈┈

스티커 or 스탬프

78

최김밥

"포항 맘카페에서 유명해진 김밥집"

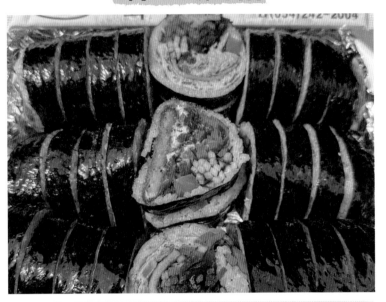

식당 정보

🏠 주소	경북 포항시 북구 창흥로 14-1	
☎ 전화번호	054-242-2004	
🕐 운영시간	08:00-18:30 ※ 08:00-15:00 토요일 ※ 매주 일요일 휴무	
🧎 웨이팅 난이도	하	
📋 주요 메뉴 및 가격	돈가스김밥 4,500원(추천), 매운오뎅김밥 3,500원(추천)	
✏ 김밥 사이즈	큼	
🍴 속 재료	김, 밥, 단무지, 당근, 돈가스, 마요네즈, 오이, 우엉	
💬 매장/포장/배달/밀키트	매장 식사 가능, 포장 가능	
▶ 방송 출연	없음	

최김밥
QR로 보기

기본으로 넣어주는 계란의 화려한 모습에 반해서 간 곳이다. 다양한 채소를 넣어 계란말이처럼 부쳐낸 계란지단을 김밥마다 넣어준다. 특히 이곳은 매운오뎅김밥 전문점으로, 김밥에 매콤달콤하게 양념한 오뎅이 들어가는 게 특징인데 많이 맵진 않고 은은한 매운기가 도는 정도다. 전체적으로 재료가 푸짐하게 들어가 한입 가득 풍성한 맛이고, 채소를 가득 넣은 계란 덕분에 고소함이 가득하다. 돈가스김밥이 제일 유명하지만 그 외에도 다양한 김밥이 많으니 취향껏 골라 먹어보길 추천한다.

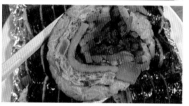

 한줄꿀팁   매운돈가스김밥도 있음

고객 리뷰

💬 기본으로 들어가는 계란이 두툼하고, 채소도 많이 들어가 있어서 좋아요.

💬 오랜 단골집이에요. 요즘 물가에 재료도 푸짐하고 가격도 저렴해서 자주 방문하는 곳이에요.

맛집 정복 완료!

나의 별점

☆☆☆☆☆   스티커 or 스탬프

79

낙원우동집

"무려 50년 된 유부김초밥"

식당 정보

🏠 주소	경남 창원시 마산합포구 동서북10길 82	
☎ 전화번호	055-242-0988	
🕐 운영시간	11:00-16:00 ※ 11:00-20:00 토요일, 일요일	
🧍 웨이팅 난이도	하	
🗒 주요 메뉴 및 가격	유부김초밥 6,000원(추천), 땡초우동 8,000원	
✏ 김밥 사이즈	큼	
🍽 속 재료	김, 고기+유부+양파밥, 계란, 단무지, 맛살, 유부, 상추, 파프리카	
🍱 매장/포장/배달/밀키트	매장 식사 가능, 포장 가능	
▶ 방송 출연	없음	

낙원우동집
QR로 보기

무려 50년의 역사를 가진 마산의 노포 분식집이다. 이곳은 특이하게 냄비우동과 함께 유부김초밥과 유부초밥을 판매한다. 유부김초밥의 생김새는 김밥과 비슷한데, 차이점은 밥이 김밥에 들어가는 밥이 아니라 유부초밥에 들어가는 밥과 비슷하다는 것이다. 밥에 잘게 썬 고기와 유부, 다진 양파가 들어가며, 초를 넣어 새콤달콤한 맛이 좋다. 김밥이지만 유부초밥을 먹는 듯한 느낌! 큼직한 계란과 유부도 들어서 맛이 더 다채롭다. 이곳에 가면 냄비우동도 함께 시키는 게 국룰인데, 얼큰하고 시원한 우동 국물이 끝내줬던 집.

 한줄꿀팁 유부김초밥 반 줄도 주문 가능(3,000원)

고객 리뷰

🗨 우동에 들어가는 유부에서 불 향이 은은하게 나는 게 특이해요. 우동 먹고 싶을 때 자주 가는 집이에요.

🗨 평소에 유부초밥 좋아하시는 분들은 유부김초밥 한번 드셔보세요.

⋯ **맛집 정복 완료!** ⋯

나의 별점

☆☆☆☆☆

스티커 or 스탬프

80

윤정이네손칼국수

"마산 현지인 김밥 맛집"

식당 정보

🏠 주소	경남 창원시 마산회원구 구암서4길 15
☎ 전화번호	055-253-0555
🕐 운영시간	10:00-21:00 ※ 매주 일요일 휴무
👥 웨이팅 난이도	하
📋 주요 메뉴 및 가격	불고기김밥 4,000원(추천), 땡초칼국수 6,000원
📏 김밥 사이즈	보통
🍴 속 재료	김, 밥, 계란, 단무지, 당근, 소고기, 시금치, 어묵
💬 매장/포장/배달/밀키트	매장 식사 가능, 포장 가능
▶ 방송 출연	없음

윤정이네손칼국수
QR로 보기

마산 주민들의 오래된 맛집으로 유명한 분식집이다. 칼국수와 김밥이 주메뉴. 칼국수 한 그릇과 김밥 한 줄을 시켜 먹는 게 코스다. 김밥 메뉴 중에서도 불고기김밥을 꼭 먹어야 한다고 해서 땡초칼국수와 불고기김밥을 주문했다. 일반 소고기김밥이 아닌 불고기김밥이라 어떤 비법이 있을까 싶어 사장님께 여쭤봤는데, 전날 사장님의 비법 양념에 고기를 재우고 당일에 볶아낸다고 한다. 확실히 불고기가 부드럽고 감칠맛이 좋았다. 밥은 천일염으로 간을 해서 깔끔하고 전체적인 밸런스도 좋았다. 얼큰한 땡초칼국수와 조합이 좋다.

 한줄꿀팁   얼큰한 국물을 좋아하면 청양고추 팍팍 넣은 땡초칼국수 추천

고객 리뷰

🗨️ 사장님이 정말 친절하세요. 직접 반죽해서 만드는 칼국수 면발이 쫄깃쫄깃 맛있어요. 칼국수 먹다가 절반쯤 남았을 때 사장님 수제 양념장 조금 넣어서 먹으면 색다른 맛을 느낄 수 있습니다.

맛집 정복 완료!

나의 별점

☆☆☆☆☆

스티커 or 스탬프

81

뚱땡이김밥

"매콤한 낙지젓갈이 듬뿍 들어가는 쫄깃한 김밥"

식당 정보

🏠 주소	경남 창원시 성산구 반림동 17-18	
☎ 전화번호	010-2524-0667	
🕐 운영시간	08:00-재료 소진 시 마감	
👥 웨이팅 난이도	하	
🗂 주요 메뉴 및 가격	낙지젓갈김밥 4,000원(추천), 톳김밥 4,000원	
🔗 김밥 사이즈	보통	
◎ 속 재료	김, 밥, 단무지, 당근, 오이, 우엉, 계란, 낙지젓갈, 햄	
💬 매장/포장/배달/밀키트	포장 가능	
▶ 방송 출연	없음	

뚱땡이김밥(반송시장)
QR로 보기

창원 반송시장 내 줄 서서 먹는 김밥집이다. 다양한 메뉴가 있지만, 낙지 젓갈김밥에 칼국수 조합이 기가 막히다고 해서 주문했다. (칼국수는 김밥 포장 후 바로 옆 골목에 있는 칼국수 거리로 가서 함께 먹으면 된다.) 처음에는 낙지젓갈이라고 해서 짜지 않을까 했는데, 생각보다 짜지 않았다. 딱 칼 국수에 곁들여 먹으면 좋을 염도! 낙지는 제법 많이 들어가 있는데 통통 한 낙지가 쫄깃하게 씹히는 식감이 재밌었다. 이 외에도 다양한 김밥이 있으니 취향껏 골라 먹어보길 추천!

 한줄꿀팁   김밥 포장 후 반송시장 칼국수 거리에 가서 칼국수와 함께 먹기 가능

고객 리뷰

💬 반송시장에서 유명한 곳이에요. 반송시장에 가면 칼국수 거리는 꼭 가야 하
   는데 칼국수 먹으러 가기 전에 여기 김밥 포장해서 함께 먹으면 최고예요.

💬 낙지젓갈김밥은 여기서 처음 먹어봤는데 짜지 않고 감칠맛이 가득해요.

나의 별점

☆☆☆☆☆

맛집 정복 완료!

스티커 or 스탬프

82
달맞이꽃분식

"즉석에서 무친 오이와 섞박지를 함께 주는 김밥"

식당 정보

🏠 주소	경남 양산시 하북면 신평강변3길 17-10	
☎ 전화번호	055-382-9890	
🕐 운영시간	11:30-18:00 ※ 주말은 일찍 마감	
🧍 웨이팅 난이도	하	
📋 주요 메뉴 및 가격	김밥 2,500원(추천), 충무김밥 6,000원	
✏ 김밥 사이즈	보통	
🥢 속 재료	김, 밥, 계란, 당근, 맛살, 무절임, 오이, 우엉	
📧 매장/포장/배달/밀키트	매장 식사 가능, 포장 가능	
▶ 방송 출연	없음	

달맞이꽃분식
QR로 보기

나이 지긋하신 노부부께서 운영하는 30년 노포 김밥집. 양산 신평시장 안에 있는 곳으로 지역 주민들에게는 찐찐찐맛집으로 통하는 김밥집이다. 시장표 고소한 참기름을 발라주는 집 김밥 맛인데 간이 정말 딱 맞다. 쌀은 신동진 쌀을 사용하고, 김은 두툼하고 쫄깃해 씹는 맛이 있어 좋다. 특히 요즘은 2,500원 하는 김밥 보기가 어려운데, 가격도 저렴하고 맛도 있다. 김밥을 주문하면 직접 담근 섞박지와 즉석에서 무친 오이무침을 함께 주는데 김밥에 곁들여 먹으면 최고.

 한줄꿀팁 사장님이 직접 반죽해서 만든 수제비, 칼국수도 꼭 드셔보시길!

고객 리뷰

💬 여기 칼국수가 찐이에요. 할아버지가 직접 반죽해서 밀대로 밀어주시는데 쫄깃쫄깃 맛있어요.

💬 통도사 근처라 주말에는 웨이팅이 있어요. 김밥을 주문하면 함께 주는 오이무침과 섞박지가 별미예요.

····· 맛집 정복 완료! ·····

나의 별점

☆☆☆☆☆

스티커 or 스탬프

83

미각분식

"매콤하게 양념한 어묵을 가득 넣어주는 땡초김밥"

식당 정보

미각분식
QR로 보기

🏠 주소	경남 김해시 인제로 187
☎ 전화번호	055-322-8550
🕐 운영시간	17:00-전화 후 방문
👤 웨이팅 난이도	중
📋 주요 메뉴 및 가격	땡초김밥 3,800원(추천), 계란김밥 3,800원
✏️ 김밥 사이즈	보통
🔘 속 재료	김, 밥, 어묵, 오이
💬 매장/포장/배달/밀키트	매장 식사 가능, 포장 가능
▶ 방송 출연	없음

떡볶이 먹으러 갔다가 김밥에 반하고 온다는 집이다. 계란김밥과 땡초 김밥 두 가지는 무조건 세트로 주문해야 하는 곳. 계란김밥은 즉석에서 부쳐낸 계란을 돌돌 말아 김밥 속에 넣어준다. 다른 재료 없이 계란만 들 었지만, 간이 딱 알맞게 되어 고소하고 짭조름하니 맛있다. 땡초김밥은 양념한 어묵조림과 오이가 전부인데 첫입은 매콤달콤하지만, 끝에는 혀 끝에 매운맛이 강하게 감돈다. 그러다 오이와 어우러지면서 상큼하게 마무리. 고소한 계란김밥과 매운 땡초김밥을 번갈아 먹으면 완벽하다.

 한줄꿀팁   오픈 시간이 일정하지 않아 전화 후 방문

고객 리뷰

💬 떡볶이소스에 계란김밥을 찍어 먹으면 진짜 맛있어요. 계란 하나만 들어가 는 김밥인데 계속 생각나는 맛이에요.

💬 김해 사람이라면 여기 모르는 사람 없을 거예요. 저는 술 마시고 해장하러 자주 가는 곳이에요.

나의 별점

☆☆☆☆☆

····· 맛집 정복 완료! ·····

스티커 or 스탬프

84

우리가족

"꼬시래기김밥의 진수를 맛볼 수 있는 곳"

식당 정보

🏠 **주소**	경남 사천시 사천대로 17	
☎️ **전화번호**	010-3562-7800	
🕐 **운영시간**	15:00-01:00 ※ 12:00-02:00 금요일-일요일	
🧍 **웨이팅 난이도**	하	
📋 **주요 메뉴 및 가격**	계란꼬시래기김밥(2줄) 6,500원(추천),	
	땡초꼬시래기김밥(2줄) 5,500원	
📏 **김밥 사이즈**	큼	
🍚 **속 재료**	김, 밥, 계란, 당근, 무절임, 꼬시래기	
💬 **매장/포장/배달/밀키트**	포장 가능	
▶️ **방송 출연**	없음	

우리가족
QR로 보기

사천 주민들만 아는 숨겨진 김밥집. 톳과는 다른 매력을 가진 꼬시래기를 가득 넣은 김밥이다. 꼬시래기는 홍조류의 한 종류로 꼬독꼬독한 식감이 특징이다. 이곳은 꼬시래기김밥만 전문으로 판매하는 곳으로 계란이 들어가 담백한 계란꼬시래기김밥과 땡초로 양념한 밥이 들어가는 땡초꼬시래기김밥이 있다. 꼬시래기와 새콤한 무절임이 들어가 아삭거리고 오독거리는 식감이 정말 좋았던 김밥. 참기름을 듬뿍 발라서 고소함이 가득한 김밥이다.

 한줄꿀팁   비바람이 강한 날은 휴무

고객 리뷰

🗨 삼천포대교 아래에서 바다를 바라보며 김밥을 먹으면 힐링 그 자체예요. 꼬시래기는 처음 먹어보는데 오독거리는 식감이 재밌고 맛있어요.

🗨 명태부각이 올라간 우동은 이곳에서만 먹어볼 수 있는 별미예요. 국물이 시원하고 깊어요.

나의 별점

☆☆☆☆☆

····· 맛집 정복 완료! ·····

스티커 or 스탬프

✱ESSAY✱ 내 인생 첫 김밥집

전국김밥일주의 역사가 시작된 곳

3년간의 전국김밥일주를 끝내고 첫 책을 출간했을 때, 많은 사람이 물었다. 언제부터 그렇게 김밥을 좋아하게 되었느냐고. 나는 아주 어렸을 때부터 김밥을 좋아했다. 어렸을 때 먹던 김밥은 김밥집에서 파는 다양한 재료를 넣은 화려한 김밥은 아니었고 조미김에 하얀 쌀밥과 쌈장을 넣고 싸 먹는 것이었는데, 다른 반찬보다 맛있어서 이렇게 자주 먹었던 것 같다. 짭조름한 조미김과 뜨끈한 쌀밥의 조합은 사실 대한민국 사람이라면 모를 수가 없다. 짭짤한 조미김이 어쩌나 입에 착착 달라붙던지. 이때가 김밥을 향한 나의 애정이 시작된 순간이다. 그렇게 시간이 흐르고 중학생이 되었을 때, 내 인생 첫 김밥집을 만나게 되었다. 엄밀히 말하면 전국김밥일주의 역사가 시작된 곳이다.

부모님은 늘 바쁘셨기에 난 스스로 밥을 챙겨 먹어야 했는데, 그때마다 내 선택지에는 집 앞 포장마차에서 팔던 김밥이 있었다. 그곳의 김밥은 지금과 비교하면 평범한 모습이었다. 김에 밥, 계란, 단무지, 맛살, 스모크햄, 시금치, 어묵, 오이가 끝인 단출한 김밥이었는데, 무엇보다 김밥 간이 기가 막혔다. 어쩌나 맛있었는지 모든 재료의 신선함과 조화로움이 입안에서 한 번에 느껴졌다. 게다가 각 재료의 적절한 간, 밥의 비율, 그것들을 감싼 김의 신선함과 화룡점정 참기름의 고소함까지. 너무나 완벽한 맛이었다.

그렇게 나는 김밥이라는 음식에 빠졌다. 사실 전국에 있는 600곳의 김밥집을 다니면서도 제일 기억에 남고 맛있었던 김밥은 화려한 속 재료가 든 김밥도

아니고, 특이한 재료가 든 것도 아닌, 별다른 재료 없이도 완벽한 조합을 이뤄 낸 기본 김밥이었다. 인생 첫 김밥집은 김밥을 고르는 기준이 되었고, 김밥은 기본 김밥이 맛있어야 한다는 철학까지 생기게 되었다.

하지만 기본 김밥집이나 집 김밥 스타일의 김밥집들은 역사가 오래된 곳이 많아, 세월의 흐름을 이기지 못하고 점점 사라져 안타까운 마음이 크다. 속 재료를 다양하게 넣은 김밥도 좋지만 이런 기본 김밥집이 오래도록 남아줬으면 좋겠다.

PS. 최근에 고향에 내려갔을 때 그 김밥집을 오랜만에 방문했는데, 여전한 맛이었다. 김밥을 먹는데 왜 그렇게 눈물이 나던지…. 그때 그 시절의 추억이 새록새록 생각났다.

위치: 경남 사천시 남일로 98 보람마트(구 크로바마트) 옆

전라도

전라북도

군산 만남스넥　•212
군산 이삭분식　•214

전라남도

목포 88포장마차 평화광장점 •216
목포 구포국수　•218
목포 자유떡상　•220
여수 국동칼국수　•222
여수 돌산김밥　•224
여수 오동동김밥　•226

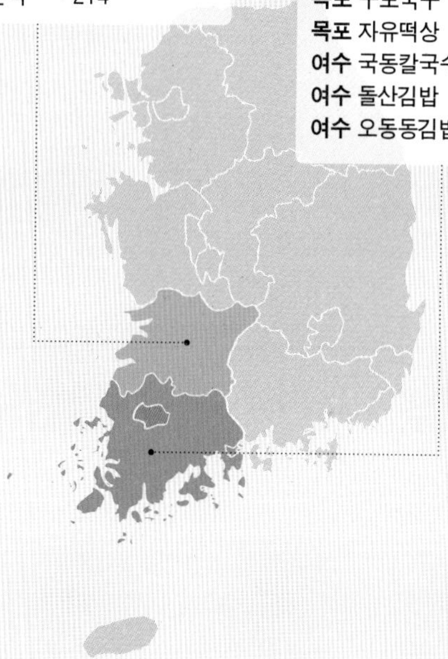

85

만남스넥

"초장에 찍어 먹는 김밥"

식당 정보

🏠 주소	전북 군산시 대학로 67-3	
☎ 전화번호	063-445-1402	
🕐 운영시간	11:00-19:30 ※ 매주 월요일 휴무	
📍 웨이팅 난이도	하	
📋 주요 메뉴 및 가격	김밥 4,000원(추천)	
✏ 김밥 사이즈	보통	
🍲 속 재료	김, 흑미밥, 계란, 단무지, 맛살, 오이, 맛살, 햄	
💬 매장/포장/배달/밀키트	매장 식사 가능, 포장 가능	
▶ 방송 출연	배틀트립 73회(17.10.22 잡탕),	
	생방송오늘저녁 145회(15.06.16 초장에 찍어 먹는 김밥)	

만남스넥
QR로 보기

전라도에서는 순대를 초장에 찍어 먹는다고 들었는데, 김밥도 초장에 찍어 먹는다는 곳이 있다고 해서 찾아가봤다. 김밥을 주문하니 새빨간 초장 종지가 같이 나왔다. 김밥은 밥 양이 많고 기본 김밥 재료만 들어가는 옛날 김밥 스타일로 고소한 참기름 냄새가 가득하다. 초장에 찍어 먹지 않고 그냥 먹어도 맛있지만 밥이 많이 들어가 조금 싱겁게 느껴질 수 있다. 그래서 초장에 찍어 먹었을 때 간이 딱 맞다. 매콤·달콤·새콤한 초장 맛에 김밥을 재밌게 즐길 수 있었던 곳이다.

 한줄꿀팁 잡탕(떡, 어묵, 만두, 당면, 라면)도 유명하니 꼭 먹어보길!

고객 리뷰

- 군산 현지인인데, 저희는 잡탕에 김밥 시켜서 김밥을 잡탕 국물에 찍어 먹어요. 맛있어요.
- 여긴 어묵이 얇아서 좋아요. 얇은 어묵을 넣은 어묵국도 서비스로 주시는데 숟가락으로 퍼서 후루룩 먹으면 최고예요.

나의 별점

☆☆☆☆☆

맛집 정복 완료!

스티커 or 스탬프

86

이삭분식

"김밥을 주문하면 반찬 일곱 가지가 나오는 집"

식당 정보

🏠 주소	전남 군산시 축동안길 55	
☎ 전화번호	063-471-1230	
⏱ 운영시간	10:00-15:00 ※ 매주 토요일, 일요일 휴무	
👣 웨이팅 난이도	하	
📋 주요 메뉴 및 가격	참치김밥 4,500원(추천)	
📏 김밥 사이즈	보통	
🎡 속 재료	김, 밥, 계란, 단무지, 당근, 맛살, 오이, 참치, 햄	
💬 매장/포장/배달/밀키트	매장 식사 가능, 포장 가능	
▶ 방송 출연	없음	

이삭분식
QR로 보기

김밥만 시켜도 반찬을 일곱 가지나 주는 군산의 분식집이다. 백반집을 방불케 하는 곳으로 나물 반찬에 소시지볶음, 바삭하게 구운 김치전까지 나온다. 김치전은 방금 구워낸 듯 뜨끈뜨끈하기까지 하다. 김밥은 특별한 맛을 지니진 않았지만, 누구나 맛있게 먹을 수 있는 기본 김밥이다. 특히 부드럽게 볶아낸 당근이 듬뿍 들어가 더욱 맛있다.

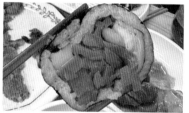

 한줄꿀팁 평일 하루 5시간만 운영하는 김밥집

고객 리뷰

🗨️ 손님이 끊이질 않는 곳. 김밥만 시켜도 정성 가득한 반찬들을 내어주는 곳이에요. 사장님의 따뜻한 마음이 느껴지는 곳입니다.

나의 별점

☆☆☆☆☆

······ 맛집 정복 완료! ······

스티커 or 스탬프

87

88포장마차 평화광장점

"생닭똥집을 올려 먹는 김밥"

식당 정보

🏠 주소	전남 목포시 원형로 13	
☎ 전화번호	0507-1419-8251	
🕐 운영시간	17:00-05:00	
🧍 웨이팅 난이도	중	
🍴 주요 메뉴 및 가격	김밥(2줄) 5,000원(추천), 생똥집 19,000원	
✏ 김밥 사이즈	보통	
😋 속 재료	김, 밥, 계란, 단무지, 맛살, 시금치	
💬 매장/포장/배달/밀키트	매장 식사 가능, 포장 가능	
▶ 방송 출연	없음	

88포장마차 평화광장점
QR로 보기

목포 현지인들이 추천한 특이한 김밥집이다. 무려 생닭똥집을 올려 먹는 김밥집으로 〈최자로드〉에도 나온 곳이다. 닭똥집은 항상 익힌 것만 먹어봐서 생닭똥집 비주얼에 흠칫 놀라긴 했지만, 의외로 맛있게 먹었다. 심심한 육회 맛이라고 생각하면 되는데, 육회랑 다르게 오독거리는 식감이 예술이다. 마늘과 땡초, 참기름, 깨에 버무려져 나와서 비리지 않고, 같이 주는 초장이나 기름장에 찍어 먹으면 더욱 맛있게 먹을 수 있다. 김밥 속은 계란, 단무지, 맛살, 시금치로 단순한 편이지만 김과 쌀의 퀄리티와 간이 좋아 그냥 먹어도 맛있는 김밥이다.

 한줄꿀팁 생닭똥집으로 먹다가 익혀 달라고 요청하면 익혀줌

고객 리뷰

💬 목포 현지인 노포 맛집이에요. 생닭똥집이랑 생닭발에 김밥까지 시키면 술이 정말 술술 들어갑니다.

💬 태어나 처음 먹어보는 메뉴인데 맛있어요. 전혀 비리지 않고 식감이 진짜 예술입니다.

맛집 정복 완료!

나의 별점

☆ ☆ ☆ ☆ ☆

스티커 or 스탬프

88
구포국수

"목표 현지인 김밥 맛집"

식당 정보

🏠 주소	전남 목포시 마파지로 48	
☎ 전화번호	061-278-6025	
🕐 운영시간	10:00-19:00 ※ 16:00-17:00 브레이크타임	
	※ 매주 일요일 휴무	
👣 웨이팅 난이도	중	
🍱 주요 메뉴 및 가격	김밥 3,500원(추천)	
📏 김밥 사이즈	보통	
🍙 속 재료	김, 밥, 계란, 단무지, 당근, 맛살, 시금치, 어묵, 햄	
💬 매장/포장/배달/밀키트	매장 식사 가능, 포장 가능	
▶ 방송 출연	없음	

구포국수
QR로 보기

목포 현지인들이 추천하는 김밥 맛집으로, 허름한 간판에서부터 맛집 포스가 진하게 느껴졌던 김밥집이다. 점심쯤 방문했는데 만석이라 웨이팅을 해서 먹었다.(관광객보다는 지역 주민이 많아 보인다.) 김밥은 기본 김밥 스타일인데 계란지단이 듬뿍 들어간다. 전체적으로 간 밸런스가 훌륭해서 꿀떡꿀떡 넘어가는 맛이다.(어묵조림이 포인트인데 간장 양념에 짭조름하게 졸여내 간을 확 잡아준다.) 비빔국수는 고추장 맛이 많이 나는 옛날식 비빔국수이고 멸치 육수도 같이 나와 두 가지 국수 맛을 한 번에 즐길 수 있어 좋다.

 한줄꿀팁 점심시간에는 웨이팅 필수

고객 리뷰

💬 김밥도 맛있는데 국수도 꼭 함께 시켜서 드셔보세요. 시원한 멸치 육수가 일품입니다. 목포에서 정말 자주 가는 맛집 중 하나예요.

💬 기본에 충실한 집. 매일 먹어도 질리지 않을 김밥이에요. 늘 생각나는 김밥입니다.

나의 별점

★★★★☆

····· 맛집 정복 완료! ·····

스티커 or 스탬프

89

자유떡상

"큼직한 고추튀김을 넣어주는 고튀김밥"

식당 정보

🏠 주소	전남 목포시 자유로 122	
☎ 전화번호	0507-1472-1537	
🕐 운영시간	09:00-19:00 ※ 매달 첫째, 셋째 일요일 휴무	
🧍 웨이팅 난이도	하	
🍱 주요 메뉴 및 가격	고추튀김김밥 4,000원(추천)	
🖊 김밥 사이즈	큼	
🍽 속 재료	김, 밥, 고추튀김, 계란, 단무지, 당근, 어묵, 오이, 우엉, 햄	
💬 매장/포장/배달/밀키트	매장 식사 가능, 포장 가능	
▶ 방송 출연	6시내고향 7409회(21.11.19 떡볶이),	
	생방송오늘저녁 2150회(23.12.01 불오징어김밥/	
	고추튀김김밥)	

자유떡상
QR로 보기

목포 3대 분식집 중 한 곳이다. 매콤달콤 진한 떡볶이소스에 끓여낸 쌀떡볶이로 〈6시 내고향〉에도 출연한 곳이다. 떡은 양념이 잘 밴 쫀득쫀득한 쌀떡으로 매일 아침 방앗간에서 가져오는 떡이라고 한다. 소스는 걸쭉하면서 진해 김밥이나 튀김을 찍어 먹기 좋다. 고추튀김김밥은 고기소를 넣은 고추튀김이 통으로 들어간다. 고추 향이 은은하게 나면서 촉촉한 고기 육즙이 느껴진다.

 한줄꿀팁 고추튀김김밥+떡볶이 조합 추천

고객 리뷰

🗨 매운 김밥 좋아하시는 분들은 불오징어김밥 한번 드셔보세요. 혀가 얼얼할 정도로 매워요.

🗨 다들 떡볶이랑 김밥 드시는데 여기는 잔치국수가 찐이에요.

나의 별점

☆☆☆☆☆

····· 맛집 정복 완료! ·····

스티커 or 스탬프

90

국동칼국수

"두툼한 육전김밥에 얼큰한 칼국수"

식당 정보

🏠	주소	전남 여수시 신월로 578-1
☎	전화번호	061-641-9734
🕐	운영시간	08:00-20:00
👤	웨이팅 난이도	중
📋	주요 메뉴 및 가격	육전김밥 5,500원(추천), 칼국수(얼큰한 맛) 9,000원
🖊	김밥 사이즈	큼
◉	속 재료	김, 밥, 단무지, 당근, 우엉, 육전, 깻잎
🗐	매장/포장/배달/밀키트	매장 식사 가능, 포장 가능
▶	방송 출연	없음

국동칼국수
QR로 보기

현지인들이 줄 서서 먹는 여수의 유명한 김밥집이다. 고소한 육전 한 장이 통째로 들어간 육전김밥은 푸짐한 채소와 육전이 어우러져 고소한 맛이 일품이다. 먹다보면 '얼큰한 맛이 필요한데?'라고 느끼는 순간이 오는데, 그때 얼큰한 칼국수를 후루룩 먹으면 된다. 맑은 육수에 청양고추가 듬뿍 들어간 국물이라 칼칼하고 개운하다. 여수산 갓김치가 셀프바에 준비되어 있는데 이 갓김치를 김밥에 올려 먹으면 새콤하게 톡 쏘는 맛이 육전김밥의 기름기를 싹 잡아준다.

 한줄꿀팁 육전김밥에 칼국수(얼큰한 맛) 조합 추천

고객 리뷰

💬 육전김밥에 반해서 다른 김밥도 먹어봤는데 파크림치즈김밥도 맛있었어요. 대파와 크림치즈가 이렇게 잘 어울릴 줄은 몰랐어요.

나의 별점

☆☆☆☆☆

⋯⋯ 맛집 정복 완료! ⋯⋯

스티커 or 스탬프

91

돌산김밥

"사람들이 잘 모르는 여수 현지인 김밥 맛집"

식당 정보

🏠 주소	전남 여수시 돌산읍 강남동로 39	
☎ 전화번호	061-641-7282	
🕐 운영시간	09:00-19:30 ※ 15:00-17:00 브레이크타임	
	※ 매주 일요일 휴무	
🧍 웨이팅 난이도	하	
📋 주요 메뉴 및 가격	돌산김밥 3,000원(추천)	
📏 김밥 사이즈	보통	
🍙 속 재료	김, 밥, 계란, 단무지, 당근, 맛살, 어묵, 오이, 우엉, 햄	
💬 매장/포장/배달/밀키트	매장 식사 가능, 포장 가능	
▶ 방송 출연	없음	

돌산김밥
QR로 보기

여수 돌산 주민이라면 다 안다는 현지인 김밥 맛집이다. (방문했을 때도 가게 안이 현지인으로 가득 찼다.) 이곳은 특별한 재료가 들어가는 김밥은 아니지만 고소한 참기름 냄새가 그득한 기본 김밥이 맛있는 곳이다. 평소 다양한 재료를 넣은 화려한 김밥보다 기본에 충실하고, 밥맛 좋은 김밥을 먹고 싶다면 이곳으로 가자.

 한줄꿀팁 고소한 집 김밥이 맛보고 싶다면

고객 리뷰

🗨 깔끔하고 담백한, 기본에 충실한 김밥이에요. 김밥뿐만 아니라 다른 분식 메뉴도 많아서 한 끼 식사하러 가기 좋아요.

맛집 정복 완료!

나의 별점

☆☆☆☆☆

스티커 or 스탬프

92

오동동김밥

"여수 간장게장을 쭉 짜서 넣은 간장게장김밥"

식당 정보

🏠 주소	전남 여수시 오동도로 61-12	
☎ 전화번호	0507-1388-3799	
🕐 운영시간	09:00-18:00 ※ 14:00-15:00 브레이크타임	
	※ 매주 월요일 휴무	
👥 웨이팅 난이도	중	
📋 주요 메뉴 및 가격	간장게장김밥 5,000원(추천), 감태김밥 5,000원	
✏ 김밥 사이즈	보통	
🍚 속 재료	김, 간장게장밥, 계란, 크래미(맛살)	
📧 매장/포장/배달/밀키트	매장 식사 가능, 포장 가능	
▶ 방송 출연	없음	

오동동김밥
QR로 보기

'여수'하면 갓김치와 게장을 빼놓을 수 없다. 여수에서 갓김치김밥은 종종 봤는데 간장게장김밥은 처음이라 가봤다. 처음에는 간장게장김밥이라니 짜고 비리지 않을까 걱정했지만 게장의 감칠맛과 고소한 참기름 향이 어우러져 꽤 중독적인 맛이었다. 속 재료로는 계란과 크래미가 듬뿍 들어 있어 목 넘김이 부드러웠다. 남녀노소 누구나 좋아할 만한 맛이다. 바다 향 가득 품은 감태김밥과 새콤한 여수 갓김치를 넣은 갓김치김밥도 있으니 특별한 김밥이 먹고 싶다면 가보길 추천한다.

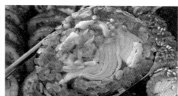

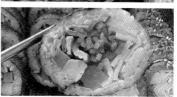

 한줄꿀팁 바로 앞에 여수 바다 있음

고객 리뷰

💬 여수 특산물로 만든 김밥은 여기서 다 먹어 볼 수 있어요. 갓김치김밥부터 간장게장김밥까지, 전부 특별하고 맛도 있어요.

나의 별점

☆☆☆☆☆

···· 맛집 정복 완료! ····

스티커 or 스탬프

제주도

제주

어머니김밥 ・230
대기야놀자 ・232
독새기김밥 ・234
봉자커피 ・236
제주또시랑 ・238
은갈치김밥 ・240
제제김밥 ・242

서귀포

엉클통김밥 법환점 ・244

93

어머니김밥

"이게 바로 카스텔라김밥?"

식당 정보

🏠 주소	제주 제주시 번영로 518	
☎ 전화번호	064-722-8955	
⏱ 운영시간	04:30-15:00 ※ 04:30-12:00 월요일	
🧍 웨이팅 난이도	하	
📋 주요 메뉴 및 가격	계란말이김밥 4,000원(추천)	
✏ 김밥 사이즈	보통	
🍙 속 재료	김, 밥, 계란말이, 단무지, 어묵, 오이, 우엉, 햄	
💬 매장/포장/배달/밀키트	매장 식사 가능, 포장 가능	
▶ 방송 출연	없음	

어머니김밥
QR로 보기

제주도 봉개동에 가면 번영로(제주도 동쪽으로 가는 길)를 따라 오른편에 김밥 거리가 형성되어 있다. 대부분의 가게가 새벽 일찍 문을 여는데, 새벽부터 움직이는 화물차 기사님들의 든든한 아침을 위해서 자연스레 그렇게 되었다고 한다. 실제로 화물차 기사님들이 갓길에 주차해놓고 김밥을 사러 가시는 장면을 많이 목격했다. 김밥 거리에는 유명한 김밥 집이 몇 군데 있는데, 개인적으로 이 김밥집이 1등이다. 김밥 겉에 계란을 둘러 말아주는데, 계란이 정말 부드럽다. 마치 카스텔라 같다고 할까. 입안에 넣자마자 사르르 녹아내린다.

 한줄꿀팁　새벽부터 영업하는 김밥집

고객 리뷰

💬 첫 방문 때 반해서 제주 갈 때마다 들르는 곳이에요. 기본에 충실한 김밥집이에요.

💬 매장에 어묵도 먹을 수 있도록 해놨는데, 어묵 국물에 청양고추를 넣어서 계란말이김밥과 함께 드셔보세요.

나의 별점

☆☆☆☆☆

····· 맛집 정복 완료! ·····

스티커 or 스탬프

94

대기야놀자

"비법 양념이 들어가는 멸추김밥"

식당 정보

🏠 주소	제주 제주시 번영로 478	
☎ 전화번호	010-9487-9285	
🕐 운영시간	04:30-재료 소진 시	
👥 웨이팅 난이도	하	
📋 주요 메뉴 및 가격	멸추김밥 4,000원(추천), 소고기김밥 4,000원	
🖊 김밥 사이즈	중간	
🍙 속 재료	김, 밥, 계란, 단무지, 맛살, 무절임, 어묵, 햄, 깻잎, 땡초멸치 양념	
💬 매장/포장/배달/밀키트	매장 식사 가능, 포장 가능	
▶ 방송 출연	없음	

대기야놀자
QR로 보기

제주 봉개동 김밥 거리에 있는 수많은 김밥집 중에서 제일 역사가 오래된 김밥집이라고 한다. 엄마가 싸주는 집 김밥 스타일의 김밥이다. 여기는 멸추김밥이 독특한데, 사장님이 직접 청양고추와 멸치를 갈아서 만든 비법양념을 넣는다. 매콤한 감칠맛이 맴도는 맛있는 멸추김밥이다.

 한줄꿀팁　주차구역 외에는 10분까지만 주정차가 가능(전화 주문 필수)

고객 리뷰

💬 사장님이 정말 친절하세요. 봉개동 김밥 거리에 많은 김밥집이 있지만, 기본 집 김밥 좋아하시면 여기 추천해요.

💬 포장하면 어묵 국물을 같이 챙겨주세요.

맛집 정복 완료!

나의 별점

☆☆☆☆☆

스티커 or 스탬프

95

새벽 3시 40분에 오픈하는 독새기김밥

"한라산 등산객 최다 방문 김밥집"

식당 정보

🏠 주소	제주 제주시 번영로 480	
☎ 전화번호	064-724-3639	
🕐 운영시간	03:40-12:00 ※ 매주 월요일 휴무	
🧍 웨이팅 난이도	하	
📋 주요 메뉴 및 가격	지단독새기김밥 4,000원(추천), 진미채매운김밥 4,500원	
🔪 김밥 사이즈	중간	
🍚 속 재료	김, 밥, 계란지단, 단무지, 당근, 맛살, 어묵	
💬 매장/포장/배달/밀키트	매장 식사 가능, 포장 가능	
▶ 방송 출연	없음	

독새기김밥
QR로 보기

234

새벽부터 문을 여는 봉개동 김밥 거리 가게 중 하나. 여기 김밥은 크기가 크진 않지만, 밥이 적고 속 재료가 푸짐한 스타일이다. 진미채김밥은 평소 먹던 진미채김밥보다 훨씬 매콤한 편. 당근도, 진미채도 듬뿍 들어 있어서 쫄깃하면서도 부드럽게 녹아드는 식감이다. 지단독새기김밥은 두툼한 계란지단이 두 장 들어가는데 한입에 쏙쏙 들어가는 고소한 계란김밥이다. 어묵 양념이 살짝 매콤한 편!

 한줄꿀팁 주차구역 외에는 10분까지만 주정차 가능(전화 주문 필수)

고객 리뷰

🗨 채소 좋아하시면 파프리카김밥도 추천해요. 깔끔하고 담백한 맛이에요.

🗨 새벽 5시 이후에 오픈하는 김밥집이 많은데 여긴 일찍 열어서 좋아요. 한라산 등산객 김밥 맛집 맞아요.

나의 별점

☆ ☆ ☆ ☆ ☆

맛집 정복 완료!

스티커 or 스탬프

96

봉자커피

"제주 흑돼지김밥"

식당 정보

봉자커피
QR로 보기

🏠 주소	제주 제주시 번영로 540	
☎ 전화번호	070-8899-0365	
🕐 운영시간	04:30-17:00	
🧍 웨이팅 난이도	하	
📋 주요 메뉴 및 가격	흑돼지김밥 4,500원(추천)	
📏 김밥 사이즈	큼	
🎯 속 재료	김, 먹물밥, 고추, 계란, 무절임, 흑돼지불고기	
💬 매장/포장/배달/밀키트	매장 식사 가능, 포장 가능	
▶ 방송 출연	없음	

크기는 작지만 맛은 강력하다. 김밥 속엔 불 맛이 살짝 나는 제주산 흑돼지불고기가 가득 들었고, 짭조름한 양념은 감칠맛이 난다. 청양고추가 들어 있어 은은하게 퍼지는 매콤함이 있다. 밥은 약간의 먹물과 새콤한 초로 간을 해 고기가 들어가 있음에도 깔끔하다. 단무지가 아닌 직접 담근 새콤한 무가 들어가 더 좋았던 김밥!

 한줄꿀팁 주차구역 외에는 10분까지만 주정차가 가능(전화주문 필수)

고객 리뷰

🗨 흑돼지불고기를 가득 넣어줍니다. 불 향이 은은하게 나는데 잡내도 안 나고 맛있어요.

🗨 매장 안에 커피숍이 있어서 커피도 같이 살 수 있어 좋아요.

맛집 정복 완료!

나의 별점

☆☆☆☆☆

스티커 or 스탬프

97

제주또시랑

"제주 우도 땅콩을 올려주는 참치김밥"

식당 정보

QR로 보기

제주또시랑
QR로 보기

🏠 주소	제주 제주시 연북로 724
☎ 전화번호	010-2600-8891
⏱ 운영시간	09:00-16:30
🧍 웨이팅 난이도	상
📋 주요 메뉴 및 가격	우도땅콩참치마요김밥 7,000원(추천), 돌담김밥 12,000원
🍙 김밥 사이즈	보통
🎡 속 재료	김, 밥, 계란, 단무지, 당근, 참치, 깻잎, 땅콩
💬 매장/포장/배달/밀키트	포장 가능, 배달 가능
⏰ 방송 출연	신상출시편스토랑 38회(20.07.17 돌담김밥)

제주또시랑은 셰프 출신이 운영하는 제주도 김밥집이다. 방송을 타면서 현재 제주공항 근처 김밥집 중 가장 먹기 어렵게 된 김밥집이 아닐까 싶다. 최소 3일 전부터 전화 예약이 필수니 말이다. 돌담김밥은 흑미밥에 흑돼지불고기, 톳, 직접 담근 장아찌 등이 들어가는데 생김새가 마치 제주 돌담과 비슷하다. 가격이 12,000원이라 비싸다고 느낄 수 있지만 고기만 무려 180g이 들어가는 두툼한 김밥이다. 불 향이 살짝 나 돼지 잡내도 나지 않아 좋았다. 우도땅콩참치마요김밥은 참치마요김밥에 우도 땅콩이 하나씩 올라가 있다. 땅콩이 무슨 맛을 낼까 싶었는데 먹자마자 땅콩의 진한 향이 어우러져 고소함이 배가되었다. 제주 특색을 살리면서도 참치마요김밥의 매력을 더 올려주는 재미난 장치!

한줄꿀팁   최소 3일 전부터 전화 예약 필수

고객 리뷰

💬 '오는정김밥'보다 예약이 어려운 곳. 적어도 3 일 전, 전화 예약이 필수인 곳이니 여행 가기 전에 전화로 꼭 예약하고 가세요.

💬 제주의 매력을 듬뿍 느낄 수 있는 김밥이에요. 흑돼지김밥부터 우도땅콩김밥까지 재밌는 메뉴가 많아요.

나의 별점

☆☆☆☆☆

······ 맛집 정복 완료! ······

스티커 or 스탬프

98

은갈치김밥

"제주 은갈치를 튀겨서 넣은 김밥"

식당 정보

은갈치김밥
QR로 보기

🏠 주소	제주 제주시 용마서길 30	
☎ 전화번호	064-747-2971	
🕐 운영시간	08:00-18:00 ※ 매주 화요일 휴무	
👥 웨이팅 난이도	중	
🗐 주요 메뉴 및 가격	은갈치김밥 7,500원(추천), 한치김밥 7,500원	
🖉 김밥 사이즈	보통	
🍙 속 재료	김, 밥, 갈치튀김, 계란, 다시마, 단무지, 땡초멸치 양념	
🗩 매장/포장/배달/밀키트	매장 식사 가능, 포장 가능	
▶ 방송 출연	모닝와이드 7115회(19.07.17 갈치김밥)	

제주산 은갈치와 한치를 넣은 김밥으로 제주 바다를 한입에 느낄 수 있는 곳이다. 은갈치김밥에 들어가는 갈치는 사장님이 직접 손질해 순살만 발라내 튀겼다. 튀김옷 덕인지 갈치의 비린 맛보다는 고소한 맛이 더 강하게 느껴진다. 이 외에도 계란과 단무지, 깻잎, 다시마가 들어가 식감도 좋다. 한치김밥은 갈치김밥과는 다르게 시래기가 들어가는데 시래기 향이 한치와 조화롭게 어우러져 또 다른 맛을 느낄 수 있다. 함께 주는 와사비마요소스에 찍어 먹어도 맛있다.

 한줄꿀팁   300m 근방에 바다가 있음

고객 리뷰

🗨 제주 은갈치를 튀긴 김밥이라니. 김밥의 진화는 끝이 없네요. 이 김밥은 갓 나왔을 때 더 맛있더라고요. 바삭한 갈치가 별미예요.

🗨 한치무침은 꼭 추가하세요. 새콤해서 은갈치김밥과 잘 어울리더라고요.

맛집 정복 완료!

나의 별점

☆☆☆☆☆

스티커 or 스탬프

99

제제김밥

"제주 토박이가 추천하는 김밥집"

식당 정보

🏠 주소	제주 제주시 원노형로 43-1	
☎ 전화번호	064-745-6788	
🕐 운영시간	07:00-16:00 ※ 매주 일요일 휴무	
📍 웨이팅 난이도	하	
📋 주요 메뉴 및 가격	맛김밥 3,500원(추천), 고기김밥 4,500원	
✏ 김밥 사이즈	보통	
⊚ 속 재료	김, 밥, 계란, 단무지, 당근, 시금치, 어묵, 유부, 튀긴 맛살, 표고버섯, 햄	
📧 매장/포장/배달/밀키트	매장 식사 가능, 포장 가능	
▶ 방송 출연	없음	

제제김밥
QR로 보기

'제주도에서 제일 맛있는 김밥'이라는 뜻을 가진 제제김밥. 제주도 토박이들은 '오는정김밥'보다 제제김밥의 맛김밥 먹으러 간다는 이야기가 많아 궁금해서 방문한 곳이다. 맛김밥은 감칠맛 가득한 양념 버섯이 들어가는 게 특이하다. 특별한 재료가 들어가는 건 아니지만, 맛김밥이라는 이름처럼 맛깔스러운(?) 맛이다. 속 재료도 알차고, 은은한 버섯 향이 어우러져 특별한 기본 김밥을 맛보고 싶다면 추천한다.

 한줄꿀팁　버섯을 좋아하지 않는다면 멸치김밥, 고기김밥 추천

고객 리뷰

💬 어떤 메뉴를 고를지 고민된다면 무조건 맛김밥을 드세요. 감칠맛 대박이에요. 제주 갈 때마다 사 먹는 김밥입니다.

💬 버섯 향이 은은하게 나는 게 독특해요.

나의 별점

☆ ☆ ☆ ☆ ☆

┄┄ 맛집 정복 완료! ┄┄

스티커 or 스탬프

100

엉클통김밥 법환점

"제주 은갈치 살이 통으로 들어가는 갈치김밥"

식당 정보

🏠 주소	제주 서귀포시 월드컵로 8	
☎ 전화번호	0507-1335-0816	
🕐 운영시간	07:00-20:00 ※ 매주 일요일 휴무	
👥 웨이팅 난이도	하	
📋 주요 메뉴 및 가격	갈치김밥 6,000원(추천), 바삭김밥 4,000원(추천)	
📏 김밥 사이즈	보통	
◎ 속 재료	김, 밥, 갈치 살	
🗨 매장/포장/배달/밀키트	매장 식사 가능, 포장 가능, 배달 가능	
▶ 방송 출연	없음	

엉클통김밥 법환점
QR로 보기

244

제주의 다양한 식재료로 만든 김밥을 파는 곳이다. 갈치, 옥돔, 굴비까지 뼈를 잘 발라낸 생선 살을 넣은 김밥이 특색이다. 특히 갈치김밥은 제주 산 은갈치 살만 잘 발라내 김밥 안에 넣어주는데, 갈치를 즉석에서 구워 서 넣어 고소함과 담백함이 좋다. 이곳의 바삭김밥은 유부를 바삭하게 튀겨 넣는데, 제주 '오는정김밥(이곳은 유부와 햄을 튀겨 밥에 넣어준다)'과 는 또 다른 매력이 있다. 바삭한 식감과 고소한 맛이 동시에 느껴진다. 전체적으로 담백한 맛이라 같이 주는 무말랭이무침을 올려 먹으면 더 맛있게 먹을 수 있다.

 한줄꿀팁 바삭김밥과 떡볶이 조합 추천

고객 리뷰

💬 제주 도민들이 추천하는 김밥집 중 하나예요. 여긴 유부를 바삭하게 튀겨주 는 바삭김밥이 제일 맛나요. 바삭한 식감이 중독성 있어요.

💬 제주에서 특별한 김밥을 맛보고 싶다면 추천해요.

나의 별점

☆☆☆☆☆

····· 맛집 정복 완료! ·····

스티커 or 스탬프

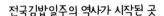

전국김밥일주의 역사가 시작된 곳

내가 생각하는 김밥의 매력은 속 재료에 무엇을 넣느냐에 따라 맛이 달라진다는 점이다. 이 매력에 빠져 지금까지 전국에 있는 600여 곳의 김밥집을 다녀왔다. 그중에서도 제주에서 다녀간 곳이 40여 곳. 제주에서 '전국에서 가장 예약이 어렵다는 곳'으로 소문난 '오는정김밥'을 먹으며 문득 이런 생각을 했다. '전국 팔도의 김밥을 찾아 다 돌아다녔지만 왜 유독 제주에서 김밥이 더욱 사랑받는 걸까?'

사실, 김밥은 전국 각지의 모든 사람에게 사랑받는 음식이다. 그래서 유독 제주에서 김밥이 특별한 사랑을 받는 현상을 달리 표현할 방법이 없었다. 하지만 제주 김밥을 향한 관심이 어느 정도냐면, 한번은 제주도 김밥 맛집을 특집 기사로 낸 적이 있는데 무려 200만 조회수에 저장 수는 4만 개가 나온 적이 있었으며, 제주에서 먹은 오는정김밥과 비슷한 김밥집을 팔도에서 찾아달라는 요청도 굉장히 많았다. 그렇게 전국을 다니며 수많은 김밥을 먹어보고 내린 개인적인 결론은 이러하다.

첫 번째는 여행자의 섬이라는 것이다. 제주도는 국내지만 육지와는 떨어진 곳에 있는 섬으로 비행기를 타고 가야 하니 왠지 해외여행을 가는 기분이 든다. 거기다 제주도 이곳저곳을 돌아다니려면 차가 필수인데, 차에서 먹을 수 있는 간편하면서도 든든한 음식으로 바로 이 '김밥'을 빼놓을 수 없기 때문이다.

두 번째는 제주의 맛과 멋이 담긴 다양한 김밥이 많다는 점이다. 사실 전국을 돌아다니다 보면, 각 지역의 특산물을 활용하여 만든 김밥을 심심찮게 볼 수 있다. 부산은 유부를 즐겨 먹어 유부가 들어간 김밥이 많이 보이고, 거제에는 톳을 활용한 톳김밥, 속초에는 명란김밥과 명태김밥 등이 있다. 그런데 제주가 유독 지역 특산물을 과감하게 활용한 김밥이 많고, 그 종류가 다양하다는 느낌을 받았다. 제주에는 전복으로 만든 '김만복김밥'이 있으며, 모슬포항에 가면 감태를 두르고 성게 알을 듬뿍 올린 20,000원짜리 성게김밥도 있고, 서귀포에는 꽁치 한 마리를 통째로 넣은 꽁치김밥, 유부와 햄을 튀겨 밥에 넣고 양념해 육지에서는 먹어볼 수 없던 특별한 감칠맛이 나는 오는정김밥, 제주 흑돼지에 짭조름한 간장 양념을 한 불고기를 듬뿍 넣은 흑돼지김밥, 딱새우살을 발라내고 반죽을 해 튀겨낸 것을 넣은 딱새우김밥, 제주 현무암을 표현한 먹물밥에 다양한 재료를 넣은 돌담김밥까지. 이처럼 제주에는 제주에서 나는 식재료뿐만 아니라 제주의 멋을 표현한 다양한 김밥이 많다. 이런 김밥들은 오직 제주에서만 먹을 수 있는 김밥이기에 여행객들이 '이렇게 멀리까지 왔는데 안 먹고 갈 수 없지!' 하는 생각을 하게 한다. 오죽하면 '제주도 김밥 도장 깨기'라는 말이 있을 정도일까.

여행지로 이동하는 차 안에서 간편하게 먹을 수 있는 김밥,
제주에서만 먹을 수 있는 특별한 김밥,
제주에서 김밥을 먹지 않을 이유가 없다.

그리고 이동하는 차 안에서 간편하게 먹을 수 있는 김밥이라는 이야기 나와서 말인데, 개인적인 바람으로 제주에 드라이브스루 카페만큼이나 드라이브스루 김밥집이 생겼으면 한다. 항상 김밥집에 가서 포장할 때, 주차만큼 불편한 것이 없었다. 구매의 편리함을 더하고 제주도만의 특색을 담은 김밥집이 생기는 날을 꿈꾸어본다!

죽기 전에 꼭 먹어봐야 할 김밥 맛집 100

전국김밥일주2

초판 1쇄 발행	2024년 5월 15일
지은이	정다현(김밥큐레이터)
펴낸이	신민식
펴낸곳	가디언
출판등록	제2010-000113호
주소	서울시 마포구 토정로 222 한국출판콘텐츠센터 419호
전화	02-332-4103
팩스	02-332-4111
이메일	gadian@gadianbooks.com
홈페이지	www.sirubooks.com
CD	김혜수
마케팅	이수정
디자인	미래출판기획
종이	월드페이퍼(주)
인쇄 제본	(주)상지사
ISBN	979-11-6778-122-2(13980)